エンジニア入門シリーズ

Processingなら簡単！
はじめてのプログラミング『超』入門

［著］

日本大学
宮田 章裕

科学情報出版株式会社

はじめに

本書について

　プログラムという言葉を聞いたことがあるでしょう。プログラムとは、**コンピュータを意図どおりに動かすための命令**のことです。現在の社会は、非常に多くのものがプログラムによって動いています。たとえば、駅や牛丼屋の券売機について考えてみましょう。券売機は、ユーザからの入金を確認すると選択肢を表示し、ユーザが選択肢の1つを選ぶと発券を行います。このような、目標を達成するための手続き（これを**アルゴリズム**と呼びます）を記述したものがプログラムです。

　本書は、このようなプログラムを「使う側」から、「作る側」になるための入門書です。プログラムを作る行為のことを、**プログラミング**といいます。プログラミングとは、より具体的には、**プログラミング言語**を用いてコードを書くことです。プログラミング言語とは、プログラムを作成するための人工言語です。

　本書では、Java に基づいて作られた **Processing** というプログラミング言語を用いてプログラミングの基礎を学びます。Processing は無料で利用できるオープンソースの言語です。容易に描画やインタラクティブアニメーションを実現できるのが特徴です[1]。同時に、より複雑なプログラミング言語である Java や C 言語と似た文法で簡単にプログラムが書けるため、プログラミング初心者の勉強用途にも適しています。

対象読者

　本書の対象読者は、**初めてプログラミングを学修する方々**です。典型的には、理工系学部・学科の大学1年生を想定しています。一方で、数年程度のプログラミング経験があり、かつ、Processing を使いこなすための技術を修得したい方には本書は適していません。本書はあくまで、Processing をいうプログラミング言語を用いて、プログラミングの基礎を身につけたい方に向けて書いています。

動作環境

　Processing は macOS、Windows、Linux で動作します。より詳細な動作環境は公式ドキュメント[2]を参照してください。現在、Processing の最新安定バージョンは3.5.4です。本書で紹介するコードは、上記のどの OS でも、バージョン3以降の Processing なら問題無く動作するはずです。

本書の構成

　本書は2部構成となっています。第1部では、初めてプログラミングを経験する方々を想定し、プログラミングの概念、計算と描画、変数、条件分岐、繰り返し、配列などのプログラミングの基礎項目を扱います。第2部では、上記の内容をふまえた上で、より効率的に複雑な問題を解くために必須である、関数について扱います。

---

[1] Processing の利用例が https://processing.org/exhibition/ に多数掲載されています。

[2] https://github.com/processing/processing/wiki/Supported-Platforms

目　　　次

はじめに

第1部：プログラミングの基礎

1　プログラミング入門

2　計算

3　変数

7 配列

8 アニメーション

第2部：関数を用いるプログラミング

9 関数入門

第1部：
プログラミングの基礎

1

プログラミング入門

1.1 本章の概要

本章では、任意の文字列を画面上に出力する簡単なコードを題材にして、プログラミングを体験します。その過程で、プログラムの基本的な処理の流れや、バグ（プログラムの誤り）についても紹介します。

1.2 はじめてのプログラミング

1.2.1 メッセージの出力

それではさっそく、プログラミングを体験してみましょう。Processing を起動してください。図 1-1 のような画面が表示されるはずです。これは IDE（Integrated development environment、統合開発環境）と呼ばれるものであり、プログラムの作成・実行などを統一的に行えるアプリケーションです。

次に、エディタ領域に次のコード 1-1 を入力してください。全て半角で入力し、行末にセミコロンを入力するのを忘れないでください。

コード 1-1 ［1 行メッセージを表示するプログラム］

```
println("Hello");
```

入力できたら、図 1-1 の上部にある実行ボタン（右向きの三角形が描かれたボタン）を押してください。これによりプログラムが実行され、コンソールに実行結果 1-1 の内容が表示されるはずです。

実行結果 1-1

```
Hello
```

わずか 1 行ですが、これも立派なプログラムです。ここで何が起きているのか確認しましょ

〔図 1-1〕Processing IDE

う。まず、println()、および、関連する print() の挙動を構文 1-1、構文 1-2 に示します[3]。

構文 1-1

```
println(what)
```
　コンソール領域に what の内容を表示して、改行を行う。

構文 1-2

```
print(what)
```
　コンソール領域に what の内容を表示する。表示後に改行は行わない。

コード 1-1 では、構文 1-1 の what の部分は "Hello" でした。つまり、このプログラムは、"Hello" とコンソール領域に表示するものだったのです。なお、**what が文字列の場合は、文字列をダブルクォーテーションで括る必要がある**ことに注意してください。what が文字列でない事例は次章で扱います。

1.2.2　プログラムの実行順序

　続いて、コード 1-2 について考えます。

コード 1-2 [複数行メッセージを表示するプログラム]

```
println("Hello");
println("Good bye");
println("Good night");
```

このコードを実行すると、実行結果 1-2 のようになります。

実行結果 1-2

```
Hello
Good bye
Good night
```

　それでは、コード 1-2 の記載順を反転させたコード 1-3 はどのような実行結果になるでしょうか?

コード 1-3 [記載順を反転させたプログラム]

```
println("Good night");
println("Good bye");
println("Hello");
```

ご想像どおり、実行結果 1-3 のようになります。

---

[3] 本来は関数と呼ぶべきものですが、関数の概念を説明するまでは便宜上、構文と称します。

```
Good night
Good bye
Hello
```

ここで重要なことがあります。プログラムは、原則として上から下に向けて順番に処理を実行するということです[4]。プログラムが気を利かせて、人が望むような順番で処理を実行してくれるということはありません。つまり、みなさんが、どのような順番で処理を実行したいかきちんと考えて、それを実現できるようにプログラミングする必要があるのです。

1.3 バグ

バグ（bug）とは、プログラムの誤りのことです。バグがあると、人が意図したとおりにプログラムが動作しなかったり、そもそも実行することすらできなかったりします。

1.3.1 プログラムが意図しない動作をするバグ

たとえば、実行結果 1-2 を得るためにはコード 1-2 のプログラムを書く必要がありますが、誤ってコード 1-4 のように書いてしまったとしましょう。

コード 1-4 [複数行メッセージを表示しようとするプログラム]

```
print(" Hello" );
print("Good bye");
print(" Good night" );
```

このコードの実行結果は実行結果 1-4 のようになります。

実行結果 1-4

```
HelloGood ByeGood night
```

このとき、みなさんは何を思うでしょうか？もし、コンピュータが誤作動を起こしたのでは、と思う人がいたら、ぜひ考えを改めてください。極めて稀に、コンピュータやプログラミング言語側の不具合であることもあるかもしれませんが、初学者のプログラミングにおいては、ほぼ 100％、みなさんが何らかのミスをしていることが原因です。**ミスといっても、何ら恥じることはありません。**プロのプログラマであっても、あらゆるプログラムを一切ミスすることなく書き上げることはできないでしょう。プログラマは人間なので、何らかのミスをすることは当然です。大切なのは、ミスがあったとき、怒りや恥じらいを覚えるのではなく、**何が問題であるのか冷静に分析する姿勢**です。

---

[4] 後述のとおり、処理を繰り返したり、特定の処理をスキップしたりする構文も存在します。

　実行結果 1-4 では、全ての文字列が改行なく 1 行に書かれてしまっています。ここから、println（構文 1-1）を使うべきところを、うっかり print（構文 1-2）を使ってしまったのだと気付けるでしょう。

1．3．2　そもそもプログラムを実行できないバグ
　それでは、コード 1-5 を実行するとどうなるでしょうか？

コード 1-5［複数行メッセージを表示しようとするプログラム］

```
println(" Hello");
println("Good bye")
println(" Good night");
```

このコードの実行結果は実行結果 1-5 のようになります。

実行結果 1-5

```
expecting SEMI, found 'println'
Syntax error, maybe a missing semicolon?
```

Hello などが表示されると思いきや、英語でエラーメッセージが出てきてしまいました。これは、プログラムに文法上のミスがあり、プログラムが実行できなかったという意味です。
　ここで初学者が陥りがちな悪しき習慣があります。それは、エラーメッセージの内容を一切理解しようとしないことです。エラーメッセージは英語ですし、不慣れなプログラミング用語が使われていますので、避けたくなる気持ちも分かります。しかし、実行結果 1-5 をよく見てください。義務教育で英語を習っているみなさんにとって、理解できない単語や文法が使われているでしょうか？仮に不確かな単語があっても、辞書をひけば問題ないでしょう。
　ここでは、「expecting SEMI」や「maybe a missing semicolon?」という表現がありますし、エディタ領域の 2 行目末尾には赤い印が付いているでしょう。ここから、2 行目末尾にセミコロンを付け忘れたことに気付けるかと思います。
　エラーメッセージとは、コンピュータ側がなんとかバグの中身を人に伝えようとして表示しているものです。恐れるものではなく、慣れ親しむべきものです。そこにはきっとバグ解決のためのヒントが埋もれています。

1．4　コメント
　プログラムが長くなると、読み手はプログラマの意図を読み取るのが大変になります。プログラマ自身も、過去に書いたプログラムの各部分が何をする処理なのか、分からなくなってしまうことがあるでしょう。このような事態を避けるために、Processing を含む大半のプログラミング言語では、プログラム中にコメントを残すことができます。Processing では、構文 1-3 と構文 1-4 の 2 通りの方法でコメントを記述することができます。

構文 1-3

```
// comment
```
comment という 1 行のコメントを記述する。

構文 1-4

```
/*
  comment 1
  comment 2
  ...
*/
```
comment 1、comment 2、・・・という複数行のコメントを記述する。

　プログラム中にコメントを書く例をコード 1-6、実行結果 1-6 に示します。コメントは人間のための記述であり、プログラム実行時にはコンピュータには無視されます。

コード 1-6 [コメントを記述したプログラム]

```
// Helloと出力する。
println("Hello");

/*
  Good morningと
  出力する。
*/
println("Good morning");
```

実行結果 1-6

```
Hello
Good morning
```

　プログラム実行時にコメントが無視されるという性質を利用して、プログラムの一部をコメントにして実行されないようにすることがしばしば行われます。これは**コメントアウト**と呼ばれ、試行錯誤してプログラムを書いているときなどに便利なテクニックです。

　コメントを記述する基準については色々な考え方があります。初学者は、自分の理解を確認したり、未洗練なアルゴリズムの意図を指導者に伝えたりするために、細かくコメントを記述するのもよいかもしれません。何らかの事情で（例：〆切に間に合わせるため）、分かっていながら不適切なプログラムを書かざるをえない場合は、その旨をコメントとして残しておくと、プログラムを読む相手とトラブルが起きる可能性を低減できるかもしれません。ただし、コメントさえ残せば不適切なプログラムを書いてよいということではありません。**他人が読んでも理解しやすい適切なアルゴリズムでプログラムを記述することが大原則**であり、コメントはプログラマの意図を読み手に伝えるための補助的な手段であると捉えてください。

1．5　本章のまとめ

Processing アプリケーションの使い方
- エディタ領域にコードを書き、実行ボタンを押すと、プログラムが実行できる。

コンソール上に出力を行うプログラム
- println() を用いると、文字列を出力した上で、改行を行う挙動になる。
- print() を用いると、文字列を出力し、改行は行わない挙動になる。

プログラムの実行順序
- プログラムは、原則として上から下に向けて順番に処理を実行する。
- どのような順番で処理を行いたいかきちんと考える必要がある。

バグ
- プログラムに誤りがあると、人が意図したとおりにプログラムが動作しなかったり、そもそも動作することすらできなかったりする。
- エラーメッセージの中には、バグ解決のためのヒントが埋もれている。

コメント
- 人間にプログラムを読みやすくするための記述。
- プログラム実行時にはコンピュータには無視される。

1．6　演習問題

問1．自分の名前をアルファベットでコンソール上に出力せよ。

問2．アスタリスクを使って次のようなアスキーアートをコンソール上に出力せよ。

```
    *
   ***
  *****
 *******
*********
```

問3．問2のアスキーアートで描いた三角形を上下反転させてコンソール上に出力せよ。

2

計算

2.1 本章の概要

本章では、計算について学びます。基本的な計算としては、四則演算、剰余演算などについて説明します。高度な計算としては、四捨五入、累乗、平方根などについて説明します。

2.2 基本的な計算

Processing では表 2-1 のような算術演算子が用意されており、これらを用いて四則演算・剰余演算を行うことができます。除算のところで再度言及しますが、整数同士の演算結果は整数であり、演算対象に 1 つでも実数があれば演算結果は実数になります。

加算の例をコード 2-1、実行結果 2-1 に示します。1.2.1 項で前述のとおり、println() で表示しようとする対象が文字列の場合はダブルクォーテーションで括る必要がありましたが、ここでは表示の対象は数ですので、ダブルクォーテーションは不要である点に注意してください[5]。

コード 2-1 [加算を行うプログラム]

```
println(1 + 2);
println(3 + 4 + 5);
println(-10 + 11.0);
```

実行結果 2-1

```
3
12
1.0
```

減算の例をコード 2-2、実行結果 2-2 に示します。

コード 2-2 [減算を行うプログラム]

```
println(2 - 1);
println(9 - 3 - 2);
println(10.0 - 11);
```

〔表 2-1〕主な算術演算子

記号	役割
+	加算を行う。
-	減算を行う。
*	乗算を行う。
/	除算を行う。
%	剰余演算を行う。

---

[5] ダブルクォーテーションで括ると、「1 + 2」などの式が文字列としてそのまま表示されてしまいます。

```
1
4
-1.0
```

乗算の例をコード2-3、実行結果2-3に示します。

コード 2-3 [乗算を行うプログラム]

```
println(1 * 2);
println(2 * 3 * 4);
println(-3.5 * 10);
```

実行結果 2-3

```
2
24
-35.0
```

除算の例をコード2-4、実行結果2-4に示します。

コード 2-4 [除算を行うプログラム]

```
println(9 / 3);
println(32 / 2 / 4);
println(-10 / 2);
```

実行結果 2-4

```
3
4
-5
```

除算では注意すべき点があります。前述のとおり、整数同士の演算結果は整数です。整数同士の除算で割り切れない場合、コード2-5、実行結果2-5のように商の小数点以下は切り捨てられます。四捨五入も行われません。

コード 2-5 [割り切れない除算を行うプログラム（整数同士）]

```
println(10 / 3);
println(5 / 2);
```

実行結果 2-5

```
3
2
```

一方、コード 2-6 のように割られる数か割る数のどちらか（あるいは両方）が実数であれば、実行結果 2-6 のように切り捨ては起きません。ただし、コード 2-7 のようなケースでは、1 回目の除算（10 / 3）において割られる数・割る数がともに整数のため切り捨てが起きてしまうので注意してください。

コード 2-6 [割り切れない除算を行うプログラム（どちらかが実数）]

```
println(10 / 3.0);
println(5.0 / 2);
```

実行結果 2-6

```
3.3333333
2.5
```

コード 2-7 [割り切れない除算を行うプログラム（整数同士の除算あり）]

```
println(10 / 3 / 1.5);
```

最後に、剰余演算の例をコード 2-8、実行結果 2-7 に示します。剰余演算とは、除算の余りを求める演算です。ここでは簡単のため、正の整数同士の剰余演算のみを扱います。

コード 2-8 [剰余演算を行うプログラム]

```
println(11 % 3);
println(5 % 2);
println(100 % 30 % 3);
```

実行結果 2-7

```
2
1
1
```

2.3　演算子の優先順位

　数学と同様に、Processing の演算子にも優先順位があります。優先順位は次のとおりです。同じ優先順位の場合は、前に書いてある方が先に計算されます。
- () で括られた範囲
- *、/、%

- +、-

いくつかの例をコード2-9、実行結果2-8に示します。

コード2-9［演算子の優先順位を確認するプログラム］

```
println(10 - 3 * 2);
println((10 - 3) * 2);
println(2 + 10 % 3);
println((2 + 10) % 3);
println(100 / 5 * 2);
println(100 / (5 * 2));
```

実行結果2-8

```
4
14
3
0
40
10
```

２.４ 高度な計算

　高度な問題を解こうとする場合、四則演算や剰余演算だけでは不十分な場合があります。Processingではより高度な計算機能が提供されており、その一部を表2-2に示します。

２.５ 本章のまとめ

四則演算・剰余演算
- +で加算、-で減算、*で乗算、/で除算、%で剰余演算ができる。
- 整数同士の演算結果は整数である。
- 演算対象に1つでも実数があれば演算結果は実数である。
- 除算では、意図しない切り捨てが起きないように注意が必要。

演算子の優先順位
- 「()で括られた範囲」、「*、/、%」、「+、-」の順番で計算される。

〔表2-2〕高度な計算を行う書式の一例

書式	説明	例
round(x)	xの小数点第一位を四捨五入する。	round(133.8) → 134
floor(x)	xの小数点以下を切り捨てる。	floor(2.88) → 2
ceil(x)	xの小数点以下を切り上げる。	ceil(8.22) → 9
abs(x)	xの絶対値を求める。	abs(-9.23) → 9.23
pow(x, e)	xのe乗を求める。	pow(2, 3) → 8.0
sqrt(x)	xの平方根を求める。	sqrt(625) → 25.0

- 同じ優先順位の場合は、前に書いてある方が先に計算される。

高度な計算
- 四捨五入、累乗、平方根などの計算機能が提供されている。

2.6 演習問題

問1. 98765 と 12345 の和をコンソール上に出力せよ。

問2. 98765 を 12345 で割った商をコンソール上に出力せよ。

問3. 98765 を 12345 で割った余りをコンソール上に出力せよ。

問4. 7 を 2 で割った商を、小数点以下を切り捨てずにコンソール上に出力せよ。

問5. 7 を 2 で割った商を、小数点第一位で四捨五入してコンソール上に出力せよ。

問6. 100 を 22.2 で割った値を、小数点以下を切り捨ててコンソール上に出力せよ。

問7. 100 を 33.3 で割った値を、小数点以下を切り上げてコンソール上に出力せよ。

問8. -123 の絶対値をコンソール上に出力せよ。

問9. 2 の 10 乗をコンソール上に出力せよ。

問10. 2 の 4 乗の平方根をコンソール上に出力せよ。

3

変数

3.1 本章の概要

　本章では、**変数**について学びます。変数は、多くのプログラミング言語で導入されている概念で、効率よく、バグの少ないコードを書くためには必要不可欠なものです。本章では、変数の必要性を説明した後、変数の概念・使い方について説明します。

3.2 変数の必要性

　変数の必要性を理解するために、簡単な計算問題をプログラミングで解いてみましょう。リンゴが1個100円、ミカンが1個80円の場合、次のような買い物をした際の合計金額をコンソール上に出力するプログラムを作成しましょう。
- シーン1：リンゴを5個購入する。
- シーン2：リンゴを5個、ミカンを10個購入する。
- シーン3：リンゴを80個、ミカンを100個購入する。

回答例はコード3-1のようになります。

コード3-1［買い物の合計金額をコンソール上に出力するプログラム］

```
println(100 * 5);
println(100 * 5 + 80 * 10);
println(100 * 80 + 80 * 100);
```

このコードには文法的な誤りはありません。しかし、プログラミングとしては大きな問題が2つあります。

　1つ目は、プログラムの意図が分かりにくい点です。100や80という数字が何を意図しているのかプログラムだけからは読み取れないので、他人が見ても何の処理をしようとしているプログラムなのかまるで分かりません。プログラムを書いた本人ですら、自分が何を書いたのか即座には分かりにくいでしょう。プログラムの意図が分かりにくいということは、プログラムの誤りに気付きにくいということでもあります。たとえば、コード3-1をコード3-2のように書き間違えていたとします。

コード3-2［買い物の合計金額をコンソール上に出力するプログラム（誤り）］

```
println(100 * 5);
println(100 * 5 + 80 * 10);
println(100 * 80 + 90 * 100);
```

3行目の「90 * 100」は「80 * 100」の誤りなのですが、そもそも80が何を表しているのか不明瞭なので、これを90と書き間違えていたところで、それに気付くのは困難です。

　2つ目は、プログラムの変更が困難である点です。たとえば、リンゴが110円、ミカンが90円に値上がりしたとしましょう。すると、コード3-1はコード3-3のように書き換える必要があります。

```
println(110 * 5);
println(110 * 5 + 90 * 10);
println(110 * 80 + 90 * 100);
```

太字部分が書き換えた場所です。全部で5ヶ所もあります。今はたった3行のプログラムなのでこの程度の変更で済んでいますが、100行のプログラムの修正を想像してください。気が滅入るような量の単純作業をしなければならないでしょう。

　上記2点の問題を解決する手段が「変数」です。次節では変数について学びます。

3.3　変数とは

　変数とは、データ（数値や文字列など）につける名札のようなものです[6]。具体的な説明は後ほどしますので、まずはイメージをつかむためにコード3-4と実行結果3-1を見てみましょう。

コード3-4［初めての変数］

```
int x = 100;
println(x);
```

実行結果3-1

```
100
```

コード3-4の1行目は、「100」というデータに、「x」という名札を付けています。2行目は、「x」という名札が付いているデータをコンソール上に出力しています。つまり、「100」というデータをコンソール上に出力しています。このときのxが変数というものです

　実際に変数を使うためには、宣言し、代入し、参照する必要があります。次項から、宣言、代入、参照について、具体的に説明します。

3.3.1　宣言

　宣言は、変数の型・名前を明示することです。

キーワード3-1

> 宣言
> 変数の型・名前を明示すること。

　変数の型とは、変数に関連付けるデータの種類のことです。Processingでは、変数の宣言時

---

[6] あえて名札「のような」というたとえで説明しています。他にも、変数を箱にたとえて説明することもあります。変数は、厳密には名札でも箱でもないのですが、プログラミング初心者はひとまず、名札／箱の分かりやすい方のたとえで理解してよいでしょう。

に型を明示する必要があります。データの種類の代表例を表3-1に示します。

　変数の名前には、いくつかのルールと習慣があります。変数名を決定する際に、絶対に守らなければいけないルールは次のとおりです。

- 半角文字の英数字、_（アンダースコア）、$ で指定する。
- 変数名の1文字目には数字は使えない。
- int、float など、プログラミング中で特別な意味を持つ単語は予約語といい、**予約語と同じ名前は使えない。**

　次に、Processing で変数名を決定する際に、守ると良いとされている習慣は次のとおりです。守らなくてもエラーにはなりませんが、良いプログラムを書くためにぜひ意識してください。

- **width、height、mouseX、mouseY などの名前の変数は宣言しない。** これらの単語は Processing において特別な意味を持つ[7]が、プログラマが違う意味を持つ変数として宣言できてしまう。混乱を避けるため、よほどの事情が無い限り、これらの単語も変数名として使用すべきではない。
- **lower camel case で書く**[8]。lower camel case とは、複数単語からなる変数名を定義する際、先頭単語の先頭文字は小文字、それ以外の単語の先頭文字は大文字にした上で、各単語を連結する書き方である[9]。たとえば、「green apple price」から変数名を作る場合は greenApplePrice のようになる。
- 変数が表す内容が分かるようにする。たとえば、リンゴとミカンの価格にそれぞれ applePrice、orangePrice という変数名を付けるのは分かりやすくて適切である。逆に、price1、price2 という変数名は何を表すのか不明瞭なので不適切である。
- 長過ぎる単語は適切に短くして使う。他の単語との混同のおそれが無いなら、application は app、english は en などと省略すると良い。ただし、これにはある程度の知識・経験が必要である。

〔表 3-1〕データの種類（型）の代表例

型	説明	例
int	整数	1、0、-27
float	実数	1.2、0.0、-27.3
char	文字	A、b、#
String	文字列	Hello、HEY、bye
boolean[10]	真偽値	true、false

---

[7] アプリケーションウィンドウを伴うプログラムにおいて、width、height、mouseX、mouseY はそれぞれウィンドウの幅、高さ、マウスカーソルの x 座標、y 座標を表します。

[8] これは Processing や Java における一部の変数名に関する習慣です。本書では扱いませんが、定数名やクラス名は異なる書き方が推奨されます。また、変数名であっても、他のプログラミング言語では単語間をアンダースコアで区切るなどの異なる習慣があります。

[9] この書き方の見た目がラクダ（camel）のコブの形状と似ているため camel case と呼ばれる。

[10] boolean 型については、5.2.1 項で説明します。

表3-2に、変数名として使用できる単語、使用できない／すべきでない単語をまとめます。上記の内容をふまえた、適切な変数の宣言の例をコード3-5に示します。

コード3-5 [変数の宣言の例]

```
int x;
float distance;
char okMark;
String message1;
boolean adultFlag;
```

次に、不適切な変数の宣言の例をコード3-6に示します。このような宣言では、使用できない／使用すべきでない単語を変数名にしているため、プログラムとして実行できなかったり、意図しない挙動をしたりするおそれがあります。

コード3-6 [不適切な変数の宣言の例]

```
int 3x;
float int;
char char;
String width;
boolean mouseX;
```

3.3.2 代入

　代入は、変数とデータを関連付けることです。変数には何回でもデータを代入できますが、ある変数に対する最初の代入を**初期化**といいます。

キーワード3-2

代入
変数とデータを関連付けること。

キーワード3-3

初期化
ある変数に最初に代入を行うこと。

　代入を行うためには、**代入演算子**「=」を用います。変数、代入演算子、データの順で記述する

〔表3-2〕変数名として使用できる単語、使用できない／すべきでない単語

種別	説明	例
使用できる	英数字、_、$で構成される単語（ただし1文字目が数字でないこと）	x、y、distance、okMark、message1、adultFlag
使用できない／すべきでない	予約語、Processingにおいて特別な意味を持つ単語	int、float、char、String、boolean、byte、double、long、void、class、width、height、mouseX、mouseY

ことで、左辺の変数に右辺のデータを代入できます。この例をコード3-7に示します。このとき、**String**型のデータ（文字列）はダブルクォーテーション、**char**型のデータ（文字）はシングルクォーテーションで括る必要があることに注意してください。仮に1文字であってもそれをダブルクォーテーションで括ってしまうと、char型ではなくString型のデータという意味になってしまいます。

コード3-7［変数への代入の例］

```
int x;
float distance;
char okMark;
String message1;
boolean adultFlag;

x = 1;
distance = 4.5;
okMark = 'o';
message1 = "Hello";
adultFlag = true;
```

初期化は、宣言と同時に行うこともできます。初期化と宣言を同時に行う例をコード3-8に示します。

コード3-8［初期化と宣言を同時に行う例］

```
int x = 1;
float distance = 4.5;
char okMark = 'o';
String message1 = "Hello";
boolean adultFlag = true;
```

　変数、代入演算子、変数の順で記述することで、左辺の変数に右辺の変数に関連付けられたデータを代入することもできます。ただし、この場合は右辺の変数が初期化済みである必要があります。左辺の変数に、初期化済みの右辺の変数を代入する適切な例をコード3-9、初期化していない右辺の変数を代入しようとする不適切な例をコード3-10に示します。コード3-10はエラーが起きて実行できません。

コード3-9［変数に初期化済みの変数を代入する例］

```
int x = 1;
int y = x;
```

コード3-10［変数に初期化前の変数を代入する不適切な例］

```
int x;
int y = x;
```

ここで、変数の型と、変数に代入するデータ（または変数）の型は一致している必要があることに注意してください。たとえば、int 型の変数に、float 型や String 型のデータを代入しようとするコード 3-11 はエラーが起きて実行できません。

コード 3-11 ［変数に異なる型のデータを代入する不適切な例］

```
int x = 4.5;
int y = "Hello";
```

なお、不思議なことに、次のコード 3-12 はエラーが起きません。

コード 3-12 ［変数に異なる型のデータを代入できる例］

```
int x = 'a';
float y = 10;
```

これは、変数の型変換が自動で行われるためであり、詳細は 3.4 節で説明します。この挙動は、初心者のうちは例外的なものであると捉えてください。あくまでも、変数の型と、変数に代入するデータ／変数の型は揃えることを原則としてください。

3.3.3　参照
　参照は、変数に代入したデータを利用することです。

キーワード 3-4

参照
変数に関連付けられたデータを利用すること。

　参照を行う例をコード 3-13、実行結果 3-2 に示します。

コード 3-13 ［変数の参照の例］

```
int x = 1;
int y = x + 2;
println(x);
println(y);
```

実行結果 3-2

```
1
3
```

このコードでは、2 行目以降はすべて参照が行われています。具体的には、2 行目では、y という変数を初期化する際に、x に関連付けられた値を利用しています。3 行目、4 行目では、x、y

に関連付けられた値を利用してコンソール上に出力を行っています。ご覧のとおり、参照は難しい概念ではありません。単に、宣言・初期化済みの変数を「使う」と捉えて問題無いでしょう。

　ただし、気を付けなければいけないのは、**宣言・初期化が行われていない変数は参照できない**という点です。たとえば、次のコード3-14を見てみましょう。このコードは、宣言されていないxを参照しようとしています。このため、実行結果3-3のように「xという変数は解決できない（見つからない）」というエラーメッセージが出て、プログラムを実行できません。

コード3-14［宣言していない変数を参照する不適切な例］

```
println(x);
```

実行結果3-3

```
x cannot be resolved to a variable
```

では、次のコード3-15はどうでしょうか。このコードは、1行目でxは宣言しているものの、このxを初期化しないまま、2行目でxを参照しようとしています。このため、実行結果3-4のように「変数xは初期化されていない」というエラーメッセージが出て、プログラムを実行できません。

コード3-15［初期化していない変数を参照する不適切な例］

```
int x;
println(x);
```

実行結果3-4

```
The local variable x may not have been initialized
```

上記のコード3-14、コード3-15は非常に短いコードでしたので、宣言・初期化をせずに参照しようとしているミスは容易に発見できます。しかし、数十行以上のコードを書くとき、適切な宣言・初期化を忘れることは初心者に起こりがちなミスです。十分気を付けてください。

3.4　型変換

　3.3.1項で、データや変数には様々な型があることを学びました。本節では、ある型から異なる型へデータ／変数を変換する型変換について学びます。

キーワード3-5

型変換
ある型から異なる型へデータ／変数を変換すること。

　型変換を行う代表的な構文を次に示します。

構文 3-1

```
int(x)
データ／変数 x を int 型に変換する。
```

構文 3-2

```
float(x)
データ／変数 x を float 型に変換する。
```

構文 3-3

```
char(x)
データ／変数 x を char 型に変換する。
```

構文 3-4

```
str(x)
データ／変数 x を String 型に変換する。
```

構文 3-1 の int(x) の使用例をコード 3-16、実行結果 3-5 で確認します。x が float 型の場合、小数点以下は切り捨てられることに注意してください。x が char 型の場合、int(x) は文字 x の ASCII コードになります。ASCII コードとは、コンピュータ上で文字を表現するための数字のことです。連続するアルファベットの ASCII コードは連番になっており、たとえば、A=65、B=66、C=67、・・・、a=97、b=98、c=99、・・・となっています。

コード 3-16［int() の使用例］

```
float f1 = 1.9;
float f2 = 2.1;
char c1 = 'A';
char c2 = 'x';

int if1 = int(f1);
int if2 = int(f2);
int ic1 = int(c1);
int ic2 = int(c2);

println(if1);
println(if2);
println(ic1);
println(ic2);
```

実行結果 3-5

```
1
2
65
120
```

構文 3-2 の float(x) の使用例をコード 3-17、実行結果 3-6 で確認します。

コード 3-17 ［float() の使用例］

```
int i1 = 0;
int i2 = 5;

float fi1 = float(i1);
float fi2 = float(i2);

println(fi1);
println(fi2);
```

実行結果 3-6

```
0.0
5.0
```

構文 3-3 の char(x) の使用例をコード 3-18、実行結果 3-7 で確認します。前述の int(x) とは逆に、ASCII コードから文字への変換が行われます。

コード 3-18 ［char() の使用例］

```
int i1 = 65;
int i2 = 120;

char ci1 = char(i1);
char ci2 = char(i2);

println(ci1);
println(ci2);
```

実行結果 3-7

```
A
x
```

なお、String 型変数 s の任意位置 i（i は文字列の先頭からの位置で、0 から数える）の文字を char 型の変数として取得したい場合は、s.charAt(i) という構文を用いる必要があります。コード 3-19、実行結果 3-8 に具体例を示します。

コード 3-19 ［charAt() の使用例］

```
String s1 = "A";
String s2 = "Hello";

char c1 = s1.charAt(0);
println(c1);
```

```
char c2_0 = s2.charAt(0);
char c2_4 = s2.charAt(4);
println(c2_0);
println(c2_4);
```

実行結果 3-8

```
A
H
o
```

構文 3-4 の str(x) の使用例をコード 3-20、実行結果 3-9 で確認します。String 型のデータ／変数同士を「+」でつなぐと、1 つの連続した文字列を作成できます。

コード 3-20 ［str() の使用例］

```
int i = 10;
float f = 5.5;
char c = 'A';

String si = str(i);
String sf = str(f);
String sc = str(c);
String s = si + sf + sc;

println(si);
println(sf);
println(sc);
println(s);
```

実行結果 3-9

```
10
5.5
A
105.5A
```

なお、今までコンソール上に出力を行う際に使用してきた print(x) や println(x) では、x が String 型以外の場合は自動的に x を String 型に変換してくれていました。このため、明示的に str(x) を実行する必要が無かったのです。この知識と、String 型のデータ／変数が「+」で連結できることを応用すると、出力を読みやすくすることができます。具体例をコード3-21 に示します。

コード 3-21 ［コンソール上への出力を読みやすくした例］

```
int x = 10;
int y = 20;
int z = 30;

println("x = " + x);
println("y = " + y);
println("z = " + z);
println("(x, y, z) = (" + x + ", " + y + ", " + z + ")");
```

実行結果 3-10

```
x = 10
y = 20
z = 30
(x, y, z) = (10, 20, 30)
```

変数やデータが多く登場する場合、出力結果を分かりやすくすることはバグを発見する上で役立ちますので、ぜひこの方法を利用してください。

3.5　本章のまとめ

変数の必要性
- プログラムの意図を分かりやすくするため。
- プログラムの変更を容易にするため。

変数とは
- 変数とは、データにつける名札のようなもの。
- 宣言：変数の型・名前を明示すること。
- 代入：変数とデータを関連付けること。
- 初期化：ある変数に最初に代入を行うこと。
- 参照：変数に関連付けられたデータを利用すること。

型
- データ／変数には、データの種別を表す型がある。
- 代表的な型には、int 型、float 型、char 型、String 型、boolean 型がある。
- 型変換：ある型から異なる型へデータ／変数を変換すること。

3.6　演習問題

問 1.　任意の価格と数量をそれぞれ int 型の変数に代入し、この価格・数量に基づく合計金額をコンソール上に出力せよ。

問 2.　任意の幅と高さをそれぞれ float 型の変数に代入し、この幅・高さを持つ長方形の面積

をコンソール上に出力せよ。

問 3. 任意の文字列を String 型の変数、任意の文字を char 型の変数に代入し、この文字列の末尾に文字を連結してコンソール上に出力せよ。

問 4. 任意の文字列を String 型の変数、任意の文字を char 型の変数に代入し、この文字列の先頭と末尾の両方に文字を連結してコンソール上に出力せよ。

問 5. 任意の文字列 s1、s2 をそれぞれ String 型の変数、任意の文字 c を char 型の変数に代入し、s1 と c を連結してコンソール上に出力した後、次の行に s2 と c を連結して出力せよ。

問 6. 任意の税抜価格を int 型の変数、任意の税率（例：税率 10％なら 0.1）を float 型の変数に代入し、この税抜価格・税率に基づく税込価格をコンソール上に出力せよ。

問 7. 任意の文字を char 型の変数に代入し、この文字の ASCII コードをコンソール上に出力せよ。ただし、「文字＝ASCII コード」のフォーマット（例：X＝88）で出力すること。

問 8. 33 以上 126 以下の任意の整数を int 型の変数に代入し、この整数を ASCII コードとみなした場合に対応する文字をコンソール上に出力せよ。ただし、「ASCII コード＝文字」のフォーマット（例：88＝X）で出力すること。

問 9. 65 以上 89 以下の任意の整数 i を int 型の変数に代入し、この整数を ASCII コードとみなした場合に対応する文字を c1 とするとき、アルファベット順において c1 の次の文字 c2 を出力せよ。たとえば、i が 89 のとき、c1 は Y なので、c2 は Z になる。

問 10. 自分の姓と名をそれぞれ String 型の変数に代入し、名→姓の順に半角スペース区切りで連結した自分の名前をコンソール上に出力した後、次の行に姓→名の順に半角スペース区切りで連結した自分の名前を出力せよ。

4

描画

４．１ 本章の概要

　本章では、**描画**について学びます。ここでいう描画とは、プログラミングにより、画面上に図形やグラフなどを表示することです。プログラミング言語によっては描画を行うことが難しい場合もありますが、Processing はとても描画に向いている言語です。簡単な記述で、長方形や円はもとより、複雑な図形を描画したり、アニメーションを用いてそれらを動かしたりすることもできます[11]。

　なお、本書の冒頭にも記載したとおり、本書は Processing を用いてプログラミングの基礎を学ぶためのものです。描画やアニメーションを使いこなせれば、面白いゲーム作品や表現豊かなデジタルアート作品も作ることができるでしょうが、本書はこれを目指すものではないことに注意してください。本章で描画を扱うのは、見た目が美しいものを作りたいからではなく、プログラミングの基礎的なアルゴリズムを学修するのに有効だからです。

４．２ Window

４．２．１ Window とは

　Processing で描画を行う領域を **Window** といいます。コード 4-1 を実行して Window を実際に目で確認してみましょう。実行すると、実行結果 4-1 のような表示が行われます。灰色の領域全体が Window です。現時点では何も図形を描画していないので、空っぽの Window が表示されている状態です。

コード 4-1 ［Window の表示］

```
size(800, 600);
```

実行結果 4-1（Window）

４．２．２ Window のサイズ

　コード 4-1 の size(800, 600) というのは、Window の幅と高さをピクセル数で指定する記述です。幅と高さは任意の値を指定できますが、あまり大きな値を指定すると画面上に表示しきれないかもしれません。なお、通常の記述方法の場合、**size() において幅・高さを指定する際に**

---

[11] アニメーションは 8 章で扱います。

変数は利用できないので気を付けてください[12]。

構文 4-1

```
size(w, h)
```
Window の幅を w ピクセル、高さを h ピクセルに指定する。

　プログラム中において、Window の幅や高さの値を取得したい場合があります。この場合は、**width** で幅、**height** で高さの値を取得できます。3.3.1 項で述べたとおり、width と height はプログラマが明示的に宣言しなくても、Processing が自動的に Window の幅と高さを代入してくれています。これを確認するために、コード 4-2 を実行してみましょう。表示される Window は実行結果 4-1 と同じですが、コンソール上には実行結果 4-2 のような表示が行われ、Window の幅と高さを参照できていることが分かります。

コード 4-2 [Window の幅と高さの参照]

```
size(800, 600);
println(width);
println(height);
```

実行結果 4-2 (コンソール)

```
800
600
```

4.2.3 Window の座標系

　Window の座標系は、図 4-1 のように、左上が原点、右方向が **x** 軸正の方向、下方向が **y** 軸正の方向になります。4.2.2 項で述べたとおり、Window の幅は width、高さは height で参照できますので、Window の原点以外の各頂点は width や height を用いて表現することができます。

4.3 単純な図形の描画

4.3.1 形状・位置

　図形の形状・位置を指定する構文を紹介します。4.2.3 項で述べたとおり、Window の座標系に注意しながら確認してください。

　構文 4-2 で、任意の 2 点間を結ぶ線分を描画できます。使用例をコード 4-3、実行結果 4-3 に示します。

構文 4-2

```
line(x1, y1, x2, y2)
```
(x1, y1) と (x2, y2) を結ぶ線分を描画する。

---

[12] settings() を利用すれば size() 内で変数を用いることが可能です。詳細は公式ドキュメント (https://processing.org/reference/size_.html) を参照してください。

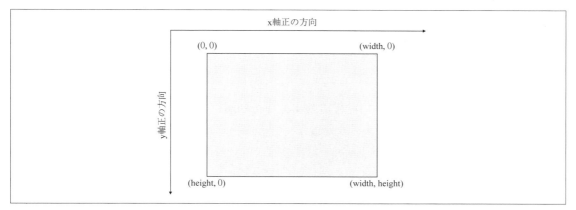

〔図 4-1〕Window の座標系

コード 4-3〔line() の使用例〕

```
size(800, 600);

line(100, 100, 700, 200);
line(600, 400, 400, 200);
```

実行結果 4-3（Window）

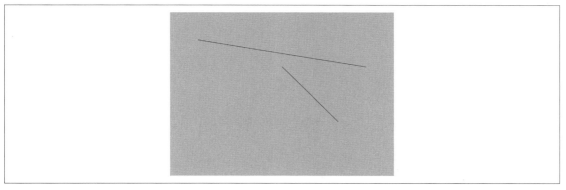

　構文 4-3 で、任意の中心座標、幅、高さの楕円を描画できます。ellipse とは楕円という意味です。幅と高さの値を同じにすることで、円を描画することもできます。使用例をコード 4-4、実行結果 4-4 に示します。

構文 4-3

```
ellipse(x, y, w, h)
```
中心座標 (x, y)、幅 w、高さ h の楕円を描画する。

コード 4-4 [ellipse() の使用例]

```
size(800, 600);

ellipse(200, 200, 150, 150);
ellipse(500, 400, 200, 100);
```

実行結果 4-4（Window）

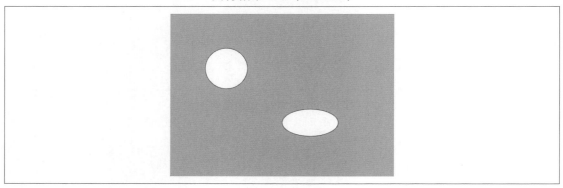

　構文 4-4 で、任意の左上頂点座標、幅、高さの長方形を描画できます。rect は rectangle、つまり長方形のことです。幅と高さの値を同じにすることで、正方形を描画することもできます。使用例をコード 4-5、実行結果 4-5 に示します。

構文 4-4

```
rect(x, y, w, h)
```
左上頂点座標 (x, y)、幅 w、高さ h の長方形を描画する。

コード 4-5 [rect() の使用例]

```
size(800, 600);

rect(200, 200, 150, 150);
rect(500, 400, 200, 100);
```

実行結果 4-5（Window）

　構文 4-5 で、任意の三頂点を結ぶ三角形を描画できます。triangle とは三角形のことです。
使用例をコード 4-6、実行結果 4-6 に示します。

構文 4-5

```
triangle(x1, y1, x2, y2, x3, y3)
```
(x1, y1)、(x2, y2)、(x3, y3) を結ぶ三角形を描画する。

コード 4-6 ［triangle() の使用例］

```
size(800, 600);

triangle(200, 200, 100, 300, 300, 300);
triangle(400, 100, 700, 100, 550, 500);
```

実行結果 4-6（Window）

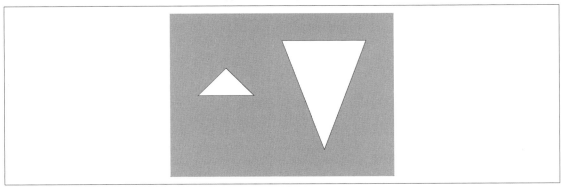

４.３.２　色

　Processing で色を表現するためには、色空間の概念の理解が必要です。色空間とは、色を独

立する成分で表現するための空間です。コンピュータ上で色を表現する場合、**RGB 色空間が**よく用いられます。RGB 色空間では、Red、Green、Blue の 3 次元空間中の座標で色を表現します。**原点に近いほど暗く、原点から離れるほど明るい色**になります。Processing では、初期設定では RGB 色空間で色を表現するようになっています[13]。図 4-2 に示すように、RGB の各軸の値は 0 以上 255 以下です。色の例を表 4-1 に示します。

　それでは、色空間の概念を用いて、Window の背景色を指定する方法を説明します。Window の背景色は構文 4-6 で指定できます。Window の背景色を黒に指定する例をコード 4-7、実行結果 4-7 に示します。

構文 4-6

```
background(r, g, b)
```
Window の背景色を RGB 空間における (r, g, b) の色にする。

コード 4-7 ［Window の背景色を指定する例］

```
size(800, 600);
background(0, 0, 0);
```

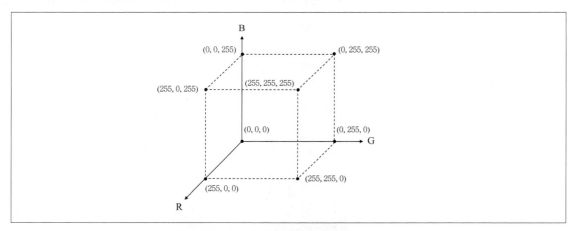

〔図 4-2〕RGB 色空間

〔表 4-1〕色の例

色	RGB 空間中の座標	色	RGB 空間中の座標
黒	(0, 0, 0)	青	(0, 0, 255)
白	(255, 255, 255)	黄	(255, 255, 0)
赤	(255, 0, 0)	紫	(255, 0, 255)
緑	(0, 255, 0)	水色	(0, 255, 255)

---

[13] colorMode() を用いれば、HSB 色空間を利用することもできます。詳細は公式ドキュメント（https://processing.org/reference/color_.html）を参照してください。

　次に、図形の輪郭色を指定する方法を説明します。図形の輪郭色は構文 4-7 で指定できます。一度指定すると、次の指定が行われるまで輪郭色の設定は有効です。逆に、一度輪郭色を指定した後、新たに異なる輪郭色の指定を行うと、以降は新しい輪郭色の設定が有効になります。なお、線分の輪郭色は、線分の色そのものです。線分の色と円の輪郭色を赤、正方形の輪郭色を青に指定する例をコード 4-8、実行結果 4-8 に示します。

構文 4-7

```
stroke(r, g, b)
```
図形の輪郭色を RGB 色空間における (r, g, b) の色にする。

コード 4-8［図形の輪郭色を指定する例］

```
size(800, 600);

stroke(255, 0, 0);
line(100, 300, 200, 300);
ellipse(400, 300, 100, 100);

stroke(0, 0, 255);
rect(600, 250, 100, 100);
```

実行結果 4-8（Window、実際にはカラー画像）

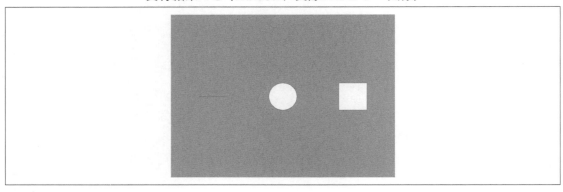

図形の輪郭を描画しない場合は構文 4-8 を用います。輪郭を描画せず、線分、円、正方形を描画する例をコード 4-9、実行結果 4-9 に示します。面積を持つ図形は輪郭が表示されなくなるだけですが、線分は描画そのものが行われなくなります。

構文 4-8

```
noStroke()
```
図形の輪郭を描画しないようにする。

コード 4-9［図形の輪郭を描画しない例］

```
size(800, 600);

noStroke();
line(100, 300, 200, 300);
ellipse(400, 300, 100, 100);
rect(600, 250, 100, 100);
```

実行結果 4-9（Window）

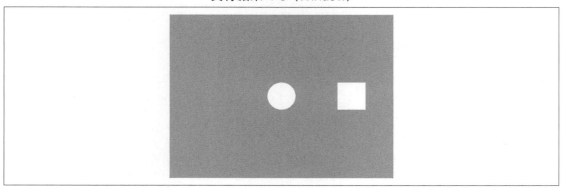

最後に、図形の塗り色を指定する方法を説明します。図形の塗り色は構文 4-9 で指定できます。輪郭色と同様に、一度指定すると、次の指定が行われるまで塗り色の設定は有効です。一度塗り色を指定した後、新たに異なる塗り色の指定を行うと、以降は新しい塗り色の設定が有効になる点も同じです。円と 1 つ目の正方形の塗り色を緑、2 つ目の正方形の塗り色を水色に指定する例をコード 4-10、実行結果 4-10 に示します。

構文 4-9

```
fill(r, g, b)
```
図形の塗り色を RGB 色空間における (r, g, b) の色にする。

コード 4-10 [図形の塗り色を指定する例]

```
size(800, 600);

fill(0, 255, 0);
ellipse(150, 300, 100, 100);
ellipse(400, 300, 100, 100);

fill(0, 255, 255);
rect(600, 250, 100, 100);
```

実行結果 4-10 (Window、実際にはカラー画像)

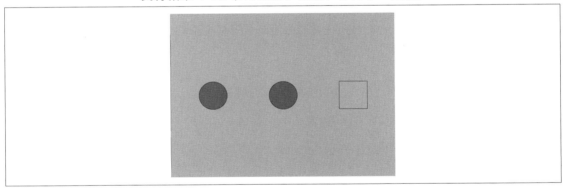

4.3.3 図形の重なり

　図形を重ねて描画する場合には注意が必要です。それは、**後から描画する図形が上に表示される**ということです。たとえば、コード 4-11 では、円の後から正方形を描画しているので、実行結果 4-11 のように正方形が上に表示されます。

コード 4-11 [円の後から正方形を描画する例]

```
size(800, 600);

ellipse(350, 300, 200, 200);
rect(350, 200, 200, 200);
```

実行結果 4-11（Window）

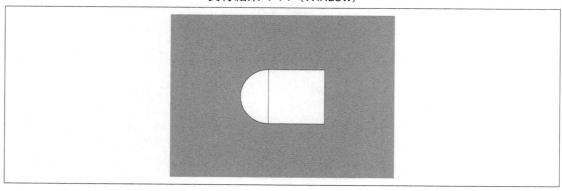

　一方、コード 4-12 では、正方形の後から円を描画しているので、実行結果 4-12 のように円が上に表示されます。

コード 4-12 [正方形の後から円を描画する例]

```
size(800, 600);

rect(350, 200, 200, 200);
ellipse(350, 300, 200, 200);
```

実行結果 4-12（Window）

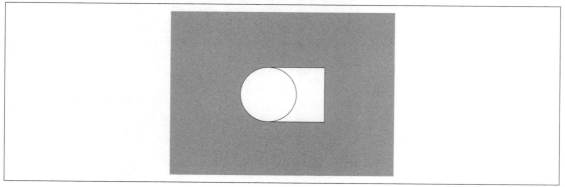

4.4　変数を用いた描画

　前節まで、変数を用いずに図形の描画方法を説明してきましたが、このような書き方は実は不適切です。この理由を、たとえばコード 4-13、実行結果 4-13 のように家の絵を描画するプログラムで考えてみましょう。

コード 4-13 [変数を用いずに家の絵を書くコード]

```
size(800, 600);
background(255, 255, 255);

triangle(300, 200, 100, 300, 500, 300);
rect(150, 300, 300, 200);
ellipse(200, 350, 50, 50);
ellipse(300, 350, 50, 50);
rect(350, 400, 50, 100);
```

実行結果 4-13（Window）

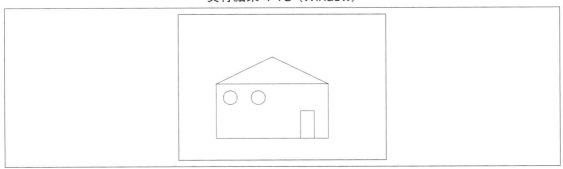

　コード 4-13 は変数を一切使わず、具体的なデータ（例：300、200）を用いて全ての処理を記述しています。このようなコーディングスタイルを**ハードコーディング**といい、プログラムの変更が極めて困難であるので、原則として**非推奨**な書き方です。たとえば、家全体を右上にずらしたい場合、プログラムのあちこちを変更しなければならないことが想像できるでしょう。

　そこで、変数を使ってこのコードを書きかえます。屋根の左下の頂点を基準点 (x, y) として、家のパーツを全て x と y を用いて表現したプログラムをコード 4-14 に示します。このコードを実行すると実行結果 4-13 と同じ結果になります。

コード 4-14 [変数を用いて家の絵を描くコード]

```
size(800, 600);

int x = 100;
int y = 300;

background(255, 255, 255);
```

```
triangle(x + 200, y - 100, x, y, x + 400, y);
rect(x, y, 400, 200);
ellipse(x + 50, y + 50, 50, 50);
ellipse(x + 150, y + 50, 50, 50);
rect(x + 300, y + 100, 50, 100);
```

では、コード4-14冒頭のx、yをコード4-15のように書きかえてみましょう。それ以外の記述は変更しません。このコードを実行すると、実行結果4-14のようになります。プログラムを2ヶ所書きかえるだけで家を右上にずらすことができました。

コード 4-15 [家を右上にずらして描くコード]

```
size(800, 600);

int x = 200;
int y = 200;

background(255, 255, 255);

triangle(x + 200, y - 100, x, y, x + 400, y);
rect(x, y, 400, 200);
ellipse(x + 50, y + 50, 50, 50);
ellipse(x + 150, y + 50, 50, 50);
rect(x + 300, y + 100, 50, 100);
```

実行結果 4-14（Window）

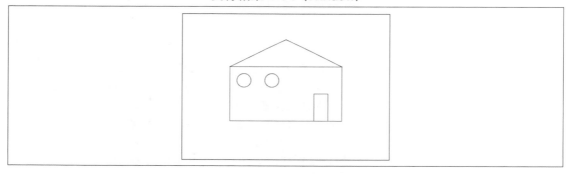

今度は、窓を表す円の直径を変数d（直径を表すdiameterの頭文字）で表現してみましょう。コード4-16は窓の直径をdで表したものであり、これを実行すると実行結果4-14と同じ結果になります。

コード 4-16 [窓の直径を変数で表現するコード]

```
size(800, 600);

int x = 200;
int y = 200;
```

```
int d = 50;

background(255, 255, 255);

triangle(x + 200, y - 100, x, y, x + 400, y);
rect(x, y, 400, 200);
ellipse(x + 50, y + 50, d, d);
ellipse(x + 150, y + 50, d, d);
rect(x + 300, y + 100, 50, 100);
```

それでは、コード 4-16 冒頭で d の初期値を 50 から 90 に変更してみましょう。すると、実行結果 4-15 のような結果になるはずです。このように、プログラム中で複数回繰り返して利用される値を変数で表現するのは良い方法です。コード 4-16 中では d が 4 回参照されていますが、冒頭の d の初期値を 1 ヶ所変更するだけで、この 4 ヶ所における参照値を変更することができるのです。

実行結果 4-15（Window）

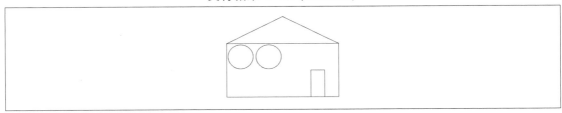

構文 4-10 を用いることで、色を変数で表現することもできます。このとき、c は color 型の変数になります。構文 4-10 を用いて、背景色や家の各パーツの塗り色を指定する例をコード 4-17、実行結果 4-16 に示します。

構文 4-10

```
color c = color(r, g, b)
```
RGB 空間における (r, g, b) の色を表現する変数を宣言・初期化する。

コード 4-17 ［色を付けて家を描くコード］

```
size(800, 600);

color bgCol   = color(0, 0, 0);
color roofCol = color(200, 50, 50);
color wallCol = color(150, 75, 0);
color winCol  = color(50, 50, 200);
color doorCol = color(200, 200, 0);

int x = 200;
int y = 200;
```

```
background(bgCol);
noStroke();

fill(roofCol);
triangle(x + 200, y - 100, x, y, x + 400, y);

fill(wallCol);
rect(x, y, 400, 200);

fill(winCol);
ellipse(x + 50, y + 50, 50, 50);
ellipse(x + 150, y + 50, 50, 50);

fill(doorCol);
rect(x + 300, y + 100, 50, 100);
```

実行結果 4-16 (Window、実際にはカラー画像)

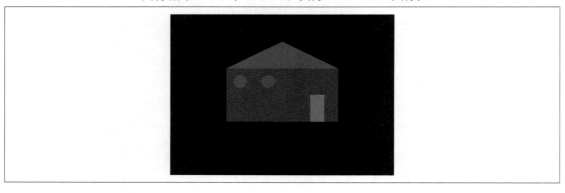

最後に、width, height を用いた図形の描画方法を紹介します。4.2.2 項で述べたとおり、width、height には、それぞれ Window の幅、高さが自動的に代入されています。これらの変数を用いて、Window の幅・高さに基づいて図形を描画する例をコード 4-18、実行結果 4-17 に示します。

コード 4-18 [width、height を用いて図形描画するコード]

```
size(800, 800);

ellipse(width / 2, height / 2, width / 2, height / 2);
ellipse(width / 2, height / 2, width / 4, height / 4);
```

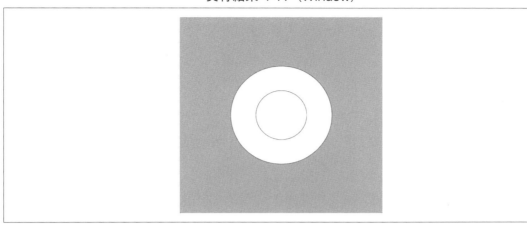

4.5　本章のまとめ

Window
- size(w, h) で幅 w ピクセル、高さ h ピクセルの描画領域を表示できる。
- 座標系は、左上が原点、右方向が x 軸正の方向、下方向が y 軸正の方向。

単純な図形の描画
- 線分、楕円、長方形、三角形を描画する構文がある。
- Window の背景色、図形の輪郭・塗り色を指定できる。

変数を用いた描画
- 変数を用いて描画することで、図形の移動などが簡単にできる。
- color 型の変数を用いて色を表現できる。

4.6　演習問題

問1.　日本の国旗を描画せよ。

問2.　ドイツの国旗を描画せよ。

問 3. 下図のように、正方形 Window 内に正方形と円が重なっている図を描画せよ。Window、正方形、円の重心は一致している。正方形・円の位置、形状、大きさは全て width か height を用いて表現すること。これらの条件が満たせていれば、他の事項は任意に定めてよい。

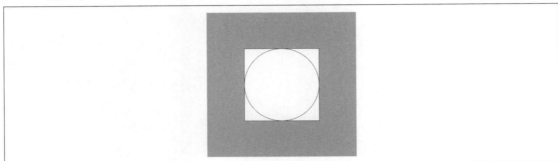

5

条件分岐

5.1 本章の概要

　本章では、**条件分岐**について学びます。条件分岐とは、その名のとおり、**条件によって処理の流れを変える**ことです。条件分岐の概念を図5-1に示します。図の左側は日常生活における例です。「晴れている」という条件が真（成り立つ）なら「出かける」、偽（成り立たない）なら何もしないという条件分岐です。図の右側はプログラミングにおける例です。「結果が0より大きい」という条件が真なら「計算結果を表示する」、偽なら何もしないという条件分岐です。

　このように、条件分岐の概念自体は難しいものではありません。**条件が成立するか判定を行い、判定結果の真偽によって処理を決定**するだけです。次節から、この概念をプログラミングで実現する方法を学びます。

5.2 真偽値と比較演算子

5.2.1 真偽値

　Processingでは、条件などの真偽を示す**真偽値**[14]を表現するために、boolean型というデータ型が用意されています。boolean型の変数は、**true**（真）か**false**（偽）の2通りの値をとります。boolean型の変数を宣言、初期化、参照する例をコード5-1、実行結果5-1に示します。

コード5-1 ［boolean型変数の宣言・初期化・参照］

```
boolean sunny = true;
boolean greaterThanZero = false;

println("sunny = " + sunny);
println("greaterThanZero = " + greaterThanZero);
```

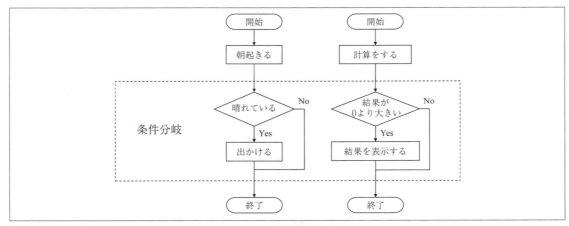

〔図5-1〕条件分岐の概念

---

[14] 論理学などの分野においては真理値と表現する方が一般的ですが、プログラミングにおいては真偽値の方が多用されるので、本書では真偽値という表現を用います。

実行結果 5-1（コンソール）

```
sunny = true
greaterThanZero = false
```

5.2.2　比較演算子
　条件の真偽を判定する際、多くの場合は何かと何かの比較を行います。5.1 節の例でいえば、「現在の天気」と「晴れの状態」を比較したり、「計算結果」と「0」を比較したりしています。Processing では、左辺と右辺の関係を調べる比較演算子（または、関係演算子）が用意されています。表 5-1 に Processing で用意されている比較演算子の一覧を示します。比較演算子の演算結果は **boolean** 型となります。

5.3　if 文
　条件分岐を実現する最も基本的な手段は **if 文**です。if 文の書式を構文 5-1、処理の流れを図 5-2 に示します。

構文 5-1

```
if(test) {
  statements
}
```

test（条件式）の結果が true（真）なら statements（文）を実行する。false（偽）なら何もしない。

　構文 5-1 の丸括弧内の条件式には、真偽値を表すデータ、変数、式などを記載します。具体的には、true ／ false やこれを代入した boolean 型の変数、比較演算子を用いた式が挙げられます。コード 5-2、実行結果 5-2 に簡単な例を示します。

〔表 5-1〕比較演算子

記号	役割
==	等しい
!=	等しくない
>	より大きい
<	より小さい
>=	以上
<=	以下

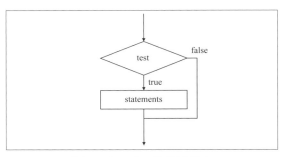

〔図 5-2〕if 文の処理の流れ

コード 5-2 ［if 文の使用例］

```
boolean sunny = true;
int x = 10;
int y = -5;

if(sunny) {
  println("Let's go out!");
}

if(x > 0) {
  println(x + " > 0");
}

if(y > 0) {
  println(y + " > 0");
}
```

実行結果 5-2（コンソール）

```
Let's go out!
10 > 0
```

続いて、表5-1の各比較演算子を用いる例をコード5-3、実行結果5-3で確認しましょう。

コード 5-3 ［比較演算子の使用例］

```
int x = 10;

if(x == 10) {
  println(x + " == 10");
}

if(x != 5) {
  println(x + " != 5");
}

if(x > 9) {
  println(x + " > 9");
}

if(x < 11) {
  println(x + " < 11");
}

if(x >= 10) {
  println(x + " >= 10");
}

if(x <= 12) {
  println(x + " <= 12");
}
```

```
10 == 10
10 != 5
10 > 9
10 < 11
10 >= 10
10 <= 12
```

　構文 5-1 の波括弧で囲まれた範囲にあるひとまとまりのコードを**ブロック**（コードブロック）といいます。ブロックは 0 個以上の文からなります。すなわち、文は 0 個でもよいですし、1 個、あるいは複数個でも構いません。このとき、ブロック内部の文は**インデント（字下げ）**を行うことが推奨されます。プログラミング言語の仕様上はインデントが無くてもエラーになりませんが、インデントが無いとブロックの範囲が人間に分かりにくいので、必ずインデントを行う習慣をつけてください。Processing や Java では、**半角スペース 2 個**でインデントを行うことが一般的です[15]。

キーワード 5-1

ブロック 波括弧で囲まれた範囲にあるひとまとまりのコード。

キーワード 5-2

インデント コードを見やすくするための字下げ。

　ブロックが複数の文からなる if 文の例をコード 5-4、実行結果 5-4 に示します。value が 105 なので if 文の条件式が true になり、if ブロック内の 3 行の式が実行されます。ためしに、value を 95 に変更してプログラムを実行してみてください。今度は if ブロック内の式は実行されない挙動が確認できるでしょう。

コード 5-4［ブロックが複数の文からなる if 文］

```
int value = 105;
int threshold = 100;

if(value > threshold) {
  println(value + " exceeds the threshold.");
  value = threshold;
  println("value has been replaced with the threshold.");
}

println("value = " + value);
```

---

[15] プログラミング言語によっては、半角スペース 4 個が一般的な場合もあります。Tab 文字でインデントを行う人も一定数いますが、Tab 文字の幅は OS やエディタによって見た目が変わることがあるので、本書では推奨しません。

実行結果 5-4（コンソール）

```
105 exceeds the threshold.
value has been replaced with the threshold.
value = 100
```

5.4　else 文

　前節の知識で実現できる条件分岐は、ある条件が成り立つなら何かを行い、成り立たないなら行わないという単純なものでした。しかし、たとえば図 5-3 のように、条件が成り立たない場合に行う処理（例：美術館に行く、警告文を表示する）を定義したいこともあるでしょう。

　条件が成り立たない場合の処理を定義する手段が **else** 文です。if 文と else 文を組み合わせた場合の書式を構文 5-2、処理の流れを図 5-4 に示します。

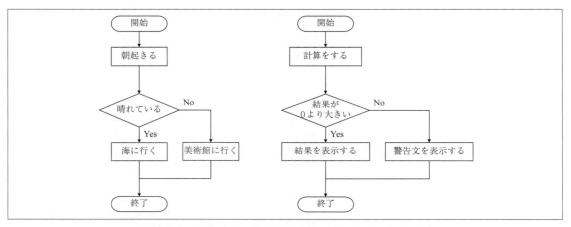

〔図 5-3〕条件が成り立たない場合の処理を定義する例

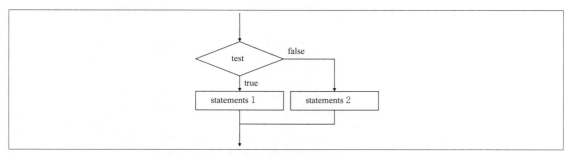

〔図 5-4〕if・else 文の処理の流れ

構文 5-2

```
if(test) {
  statements 1
} else {
  statements 2
}
```

test の結果が true なら statements 1 を実行する。false なら statements 2 を実行する。

　else 文の使用例をコード 5-5、実行結果 5-5 に示します。x が -5 なので if 文の条件式が false になり、else ブロック内の警告文を表示する処理が実行されます。ためしに、x を 10 に変更してプログラムを実行してみてください。今度は if ブロック内の処理が実行される挙動が確認できるでしょう。

コード 5-5［else 文の使用例］

```
int x = -5;

if(x > 0) {
  println(x + " > 0");
} else {
  println("Warning: x should be greater than 0.");
}
```

実行結果 5-5（コンソール）

```
Warning: x should be greater than 0.
```

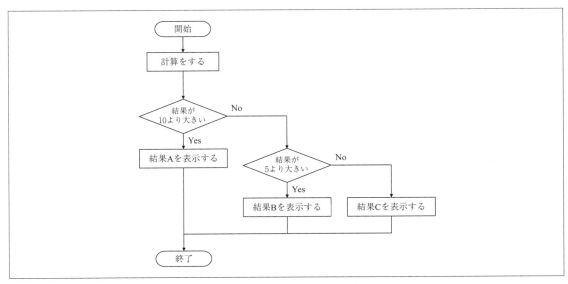

〔図 5-5〕3 通り以上の処理を分岐する例

5.5 else if 文

else 文を用いると、ある条件が成り立つ場合とそうでない場合の2通りに処理を分岐できました。では、たとえば図5-5のように、3通り以上に処理を分岐したい場合にはどうすればよいでしょうか？

これを実現する書式が **else if 文**です。if 文、else if 文、else 文を組み合わせた場合の書式を構文5-3、処理の流れを図5-6に示します。

構文 5-3

```
if(test 1) {
  statements 1
} else if(test 2) {
  statements 2
} else {
  statements 3
}
```
test 1 の結果が true なら statements 1 を実行する。test 1 が false かつ test 2 が true なら statements 2 を実行する。test 1・test 2 が false なら statements 3 を実行する。else 文は無くてもよい。

else if 文は1つだけでなく、複数個記載できます。else if 文が複数個の場合も考慮して一般化した書式を構文5-4、処理の流れを図5-7に示します。

構文 5-4

```
if(test 1) {
  statements 1
} else if(test 2) {
  statements 2
} else if...
  ...
} else if(test n)
  statements n
} else {
  statements n+1
}
```
test 1 の結果が true なら statements 1 を実行する。$2 \leqq k \leqq n$ とするとき、test 1 〜 test k-1 が false かつ test k が true なら statements k を実行する。test 1 〜 test n が false なら statements n+1 を実行する。else 文は無くてもよい。

else if 文の使用例をコード5-6、実行結果5-6に示します。x が5なので if 文、1つ目の else if 文の条件式が false になり、2つ目の else if 文の条件式が true になりますので、2つ目の else if ブロック内の処理が実行されます。自身で、x を15や6、-5などに変更してプログラムの挙動の変化を確認してください。

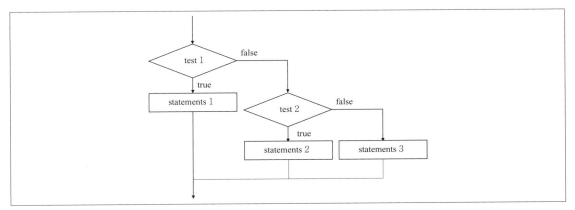

〔図 5-6〕if・else if・else 文の処理の流れ

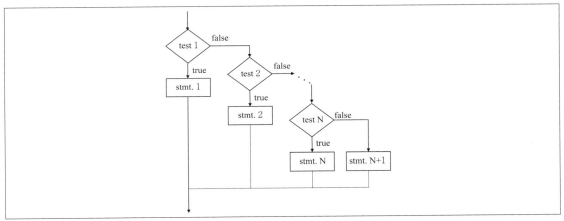

〔図 5-7〕一般化した if・else if・else 文の処理の流れ

コード 5-6〔else if 文の使用例〕

```
int x = 5;

if(x > 10) {
  println(x + " > 10");
} else if(x > 5) {
  println(x + " > 5");
} else if(x > 0) {
  println(x + " > 0");
} else {
  println(x + " <= 0");
}
```

実行結果 5-6 （コンソール）

```
5 > 0
```

else 文を用いずに、else if 文を用いる例をコード 5-7 に示します。この場合はどの if 文・else if 文の条件式も false ですので、コンソール上には何も出力されません。

コード 5-7 ［else 文を用いずに else if 文を用いる例］

```
int x = -5;

if(x > 10) {
  println(x + " > 10");
} else if(x > 5) {
  println(x + " > 5");
} else if(x > 0) {
  println(x + " > 0");
}
```

　初学者の方がつまずきやすい点として、(1) if と else if の組み合わせと、(2) if 文を複数組み合わせたものの区別が挙げられます。(1) の例をコード 5-8、(2) の例をコード 5-9 に示します。コード 5-8 では、if 文で「age >= 20」の真偽を判定し、true であれば「OK」とコンソール上に出力します。そして、**if 文の判定結果が false** だった場合のみ、続く else if 文で withAdult の真偽を判定し、これが true であれば「OK until 10 pm」と出力します。コード 5-9 も、1 つ目の if 文で「age >= 20」の真偽を判定し、true であれば「OK」とコンソール上に出力するところまではコード 5-8 と同じです。しかし、1 つ目の **if 文の判定結果によらず**、必ず 2 つ目の if 文で withAdult の真偽を判定し、これが true であれば「OK until 10 pm」と出力します。このように、(1) と (2) はまるで違うアルゴリズムですので、混同しないように注意してください。

コード 5-8 ［if 文と else if 文を使用する例］

```
int age = 21;
boolean withAdult = true;

if(age >= 20) {
  println("OK");
} else if(withAdult) {
  println("OK until 10 pm");
}
```

実行結果 5-7 （コンソール）

```
OK
```

```
int age = 21;
boolean withAdult = true;

if(age >= 20) {
  println("OK");
}
if(withAdult) {
  println("OK until 10 pm");
}
```

実行結果 5-8 (コンソール)

```
OK
OK until 10 pm
```

5.6 論理演算子

5.6.1 論理演算子

ここまでの if 文・else if 文の条件式は、たとえば「x が 10 以上か？」といったように、単純な条件しか表現できていませんでした。では、「x が 10 以上、かつ、20 未満か？」や「x が 10 以上という条件が不成立か？」といったように、より複雑な条件を判定したい場合にはどうすればよいのでしょうか。これを実現するのが、**論理演算子**です。各論理演算の概念図を図 5-8 に示します。

5.6.2 論理積

論理積、すなわち、P と Q という条件がある場合に「P かつ Q（P AND Q）」という条件は図 5-8 (a) のようになります。この条件を表現する論理演算子は「&&」です。

構文 5-5

```
P && Q
```
「P かつ Q（P AND Q）」という条件を表現する。

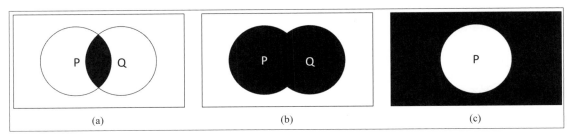

〔図 5-8〕(a) 論理積、(b) 論理和、(c) 否定の概念図

　論理積の使用例をコード5-10、実行結果5-9に示します。pとqがtrueなので、if文の条件式「p && q」を満たし、ifブロック内の式が実行されます。

コード5-10［論理積の使用例1］

```
boolean p = true;
boolean q = true;

if(p && q) {
  println("p && q");
}
```

実行結果5-9（コンソール）

```
p && q
```

　続いて、コード5-11、実行結果5-10の例を確認しましょう。xが15なので、if文の条件式「x >=10 && x < 20」を満たし、ifブロック内の式が実行されます。

コード5-11［論理積の使用例2］

```
int x = 15;

if(x >= 10 && x < 20) {
  println("10 <= " + x + " AND " + x + " < 20");
}
```

実行結果5-10（コンソール）

```
10 <= 15 AND 15 < 20
```

ここで、1行目を「int x = 25;」に変更してみてください。すると、「x >= 10」は満たすのですが、「x < 20」は満たさなくなるので、ifブロック内の式が実行されない挙動が確認できるでしょう。

　なお、&& で連結された各条件式は先頭から評価され、途中で false の条件式があった場合は、**以降の条件式の判定は実行されません**。たとえば、コード5-12において、&& で連結された1つ目の条件式「x > 100」は false となりますので、2つ目の条件式「x % 2 == 1」は判定そのものが行われません。

コード5-12［論理積において2つ目の条件式の判定が行われない例］

```
int x = 11;

if(x > 100 && x % 2 == 1) {
  println("OK");
}
```

5.6.3 論理和

論理和、すなわち、PとQという条件がある場合に「PまたはQ（P OR Q）」という条件は図5-8（b）のようになります。この条件を表現する論理演算子は「||」です。

構文 5-6

```
P || Q
```
「PまたはQ（P OR Q）」という条件を表現する。

論理和の使用例をコード5-13、実行結果5-11に示します。pがtrue、qがfalseなので、if文の条件式「p || q」を満たし、ifブロック内の式が実行されます。

コード 5-13 [論理和の使用例1]

```
boolean p = true;
boolean q = false;

if(p || q) {
  println("p || q");
}
```

実行結果 5-11 （コンソール）

```
p || q
```

続いて、コード5-14、実行結果5-12の例を確認しましょう。xが25なので、if文の条件式「x >= 10 || x % 3 == 0」を満たし、ifブロック内の式が実行されます。この条件式を満たすには、「x >= 10」か「x % 3 == 0」のどちらか一方を満たせばよく、25は前者しか満たしていないことに注意してください。

コード 5-14 [論理和の使用例2]

```
int x = 25;

if(x >= 10 || x % 3 == 0) {
  println("10 <= " + x + " OR " + x + " % 3 == 0");
}
```

実行結果 5-12 （コンソール）

```
10 <= 25 OR 25 % 3 == 0
```

ここで、1行目を「int x = 9;」に変更してみてください。すると、「x >= 10」は満たさないのですが、「x % 3 == 0」は満たすので、やはりifブロック内の式が実行される挙動が確認できるでしょう。次に、1行目を「int x = 8;」に変更してみてください。今度は「x >= 10」も「x % 3 == 0」

も満たさないので、if ブロック内の式が実行されない挙動が確認できるでしょう。

なお、|| で連結された各条件式は先頭から評価され、途中で true の条件式があった場合は、**以降の条件式の判定は実行されません**。たとえば、コード 5-15 において、|| で連結された 1 つ目の条件式「x > 10」は true となりますので、2 つ目の条件式「x ％ 2 == 0」は判定そのものが行われません。

コード 5-15 [論理和において 2 つ目の条件式の判定が行われない例]

```
int x = 11;

if(x > 10 || x % 2 == 0) {
  println("OK");
}
```

5.6.4　否定

否定、すなわち、P という条件がある場合に「P ではない（NOT P）」という条件は図 5-8（c）のようになります。この条件を表現する論理演算子は「!」です。

構文 5-7

```
!P
```
「P ではない（NOT P）」という条件を表現する。

否定の使用例をコード 5-16、実行結果 5-13 に示します。p が false なので、if 文の条件式「!p」を満たし、if ブロック内の式が実行されます。

コード 5-16 [否定の使用例 1]

```
boolean p = false;

if(!p) {
  println("!p");
}
```

実行結果 5-13（コンソール）

```
!p
```

続いて、コード 5-17、実行結果 5-14 の例を確認しましょう。x が 25 なので、if 文の条件式「!(x < 10)」を満たし、if ブロック内の式が実行されます。「!」が否定したい範囲「x < 10」を丸括弧で括っている点に注意してください。

コード 5-17 [否定の使用例 2]

```
int x = 25;

if(!(x < 10)) {
  println("!(" + x + " < 10)");
}
```

実行結果 5-14 (コンソール)

```
!(25 < 10)
```

ここで、1 行目を「int x = 9;」に変更してみてください。すると、「!(x < 10)」を満たさないので、if ブロック内の式が実行されない挙動が確認できるでしょう。

5.6.5 論理演算子の優先順位

複数の論理演算子を用いる場合、**論理演算子の優先順位**を意識する必要があります。この必要性を理解するために、コード 5-18 を見てみましょう。

コード 5-18 [複数の論理演算子を組み合わせた例 1]

```
boolean p = true;
boolean q = false;
boolean r = false;

if(p || q && r) {
  println("OK");
}
```

if 文の条件式は「p || q && r」となっています。このコードを実行すると、if ブロック内の式は実行されるでしょうか？「p || q」が先に計算されると仮定すると、これは true ですので、条件式は「true && r」と等価となり、条件式は false となって if ブロック内の式は実行されないことになります。一方、「q && r」が先に計算されると仮定すると、これは false ですので、条件式は「p || false」と等価となり、条件式は true となって if ブロック内の式は実行されることになります。

では実際にコードを実行してみましょう。すると、if ブロック内の式が実行されて、コンソール上には「OK」という出力が行われます。すなわち、「q && r」が先に計算されるという考えが正しいのです。もし、「p || q」が先に計算される挙動を実現したい場合は、条件式を「(p || q) && r」のようにして、丸括弧を用いて「p || q」を先に計算することを明示する必要があります。

このように、論理演算子には優先順位があります。優先順位は次のとおりです。同じ優先順位の場合は、前に書いてある方が先に計算されます。

- () で括られた範囲
- !
- &&
- ||

　上記の理解をふまえて、コード 5-19 を理解してみましょう。これは、オンラインショッピングの送料を判定するプログラムです。送料のルールは次のようになります。

- 会員の場合、送料は無料
- 会員でない場合、数量が 5 個未満、または、合計金額が 1000 円以上かつ数量が 10 個未満なら、送料は 100 円
- 上記以外の場合、送料は 500 円

コード 5-19 [複数の論理演算子を組み合わせた例 2]

```
boolean member = false;
int price = 150;
int count = 8;

int total = price * count;

if(member) {
  println("Shipping: free");
} else if(count < 5 || total >= 1000 && count < 10) {
  println("Shipping: 100");
} else {
  println("Shipping: 500");
}
```

このコードを実行すると、コンソール上に「Shipping: 100」と出力されます。member（会員か否か）を true にしたり、price（単価）を 100 にしたりして、プログラムの挙動が自分の予想どおりか確認してみるとよいでしょう。

5.7　入れ子構造の if 文

　複数箇所で利用する**共通条件**がある場合、if 文を**入れ子構造**で使う [16] とコードが簡潔になります。この概念を擬似コードで説明します。次のコードは入れ子構造を使わない書き方であるため、共通条件である test1 を何回も書かなくてはいけません。このため、test1 がたとえば「price > 1000 && count < 10」のような複雑な条件の場合はコードが大変読みにくくなりますし、test1 を変更したい場合はコード内の変更箇所が膨大になるという問題が生じます。

```
if(test1 && test2) {
  statements A
} else if(test1 && test3) {
  statements B
} else if(test1) {
  statements C
}
```

---

[16] ネスティングともいいます。

一方、上記コードを次のように入れ子構造を用いて書くと、共通条件 test1 は 1 回だけ書けばよく、上述の問題を回避できます。

```
if(test1) {
  if(test2) {
    statements A
  } else if(test3) {
    statements B
  } else {
    statements C
  }
}
```

　それでは、if 文を入れ子構造で使う効果を、具体例で確認していきましょう。入れ子構造を用いない例をコード 5-20、入れ子構造を用いる例をコード 5-21 に示します。

コード 5-20 ［入れ子構造を用いない例 1］

```
int x = 15;

if(x >= 10 && x < 20) {
  println("OK");
}
```

コード 5-21 ［入れ子構造を用いる例 1］

```
int x = 15;

if(x >= 10) {
  if(x < 20) {
    println("OK");
  }
}
```

if 文だけでなく、else if 文・else 文も入れ子構造にすることができます。入れ子構造を用いない例をコード 5-22、入れ子構造を用いる例をコード 5-23 に示します。

コード 5-22 ［入れ子構造を用いない例 2］

```
int x = 15;
int y = 12;

if(x >= 10 && y % 4 == 0) {
  println("OK");
} else if(x >= 10 && y % 4 == 1) {
  println("NOT BAD");
} else if(x >= 10 && y % 4 == 2) {
  println("NOT GOOD");
```

```
} else {
  println("NG");
}
```

コード 5-23 ［入れ子構造を用いる例 2］

```
int x = 15;
int y = 12;

if(x >= 10) {
  if(y % 4 == 0) {
    println("OK");
  } else if(y % 4 == 1) {
    println("NOT BAD");
  } else if(y % 4 == 2) {
    println("NOT GOOD");
  } else {
    println("NG");
  }
}
```

　ここで、入れ子構造を使う際に注意点が 2 つあります。1 点目は、入れ子構造を用いる際は、**内側の if ブロックにはさらに 1 段深いインデントを入れる習慣をつける**ということです。この重要性を確認するため、コード 5-23 の内側の if ブロックに対して 1 段深いインデントを入れない不適切な例をコード 5-24 に示します。外側の if 文と内側の if 文の関係が把握しづらく、バグが生じやすいことは想像に難くないでしょう。

コード 5-24 ［内側の if ブロックにインデントを入れない例（不適切なコード）］

```
int x = 15;
int y = 12;

if(x >= 10) {
if(y % 4 == 0) {
  println("OK");
} else if(y % 4 == 1) {
  println("NOT BAD");
} else if(y % 4 == 2) {
  println("NOT GOOD");
} else {
  println("NG");
}
}
```

2 点目は、**入れ子構造を深くしすぎない**ということです。ここまで 2 段階の入れ子構造の例しか示していませんが、if 文は 3 段階、4 段階とさらに深い入れ子構造にすることも可能です。しかし、深い入れ子構造は読みにくく、バグの温床にもなりやすいです。あまりに深い入れ子構造が必要になってしまった場合は、アルゴリズム全体を再検討することを推奨します。

５．８　本章のまとめ

真偽値と比較演算子

- 真偽値（あるいは、真理値）は条件などの真偽を示す値であり、boolean 型のデータ（true、false）で表現する。
- 左辺と右辺の関係を調べる比較演算子として、「==」、「!=」、「>」、「<」、「>=」、「<=」がある。

if 文、else 文、else if 文

- 条件分岐を実現する書式として、if 文、else 文、else if 文がある。
- if 文、else 文、else if 文の内部はインデントを行う。

論理演算子

- AND、OR、NOT の論理演算を行う論理演算子はそれぞれ、「&&」、「||」、「!」。
- 論理演算子の優先順位は、「() で括られた範囲」、「!」、「&&」、「||」であり、同じ優先順位の場合は、前に書いてある方が先に計算される。

入れ子構造の if 文

- 共通条件がある場合、if 文を入れ子構造で使うとコードが簡潔になる。
- 入れ子構造の内側の if 文には 1 段深いインデントを行う。
- 入れ子構造を深くしすぎない。

５．９　演習問題

問 1.　int 型の変数 age を宣言して任意の値で初期化し、age が 20 未満なら「You cannot drink.」とコンソール上に出力し、そうでないなら何も出力しないプログラムを作成せよ。

問 2.　int 型の変数 age を宣言して任意の値で初期化し、age が 20 未満なら「You cannot drink.」とコンソール上に出力し、そうでないなら「You can drink.」と出力せよ。

問 3.　int 型の変数 id を宣言して任意の値で初期化し、id が 3 の倍数の場合は「Team 1」、id が 3 で割って 1 余る数の場合は「Team 2」、それ以外の場合は「Team 3」とコンソール上に出力せよ。

問 4.　int 型の変数 id を宣言して任意の値で初期化し、id が 3 の倍数かつ 100 未満の場合は「Team 1」、id が 3 の倍数でなくかつ 100 未満の場合は「Team 2」、それ以外の場合は「Team 3」とコンソール上に出力せよ。

問 5.　会員か否かを表す boolean 型の変数 member、商品の単価を表す int 型の変数 price、商品の数量を表す int 型の変数 count を宣言して任意の値で初期化し、次のルールで判定した送料をコンソール上に出力せよ。
- 会員、または、合計価格が 5000 円を超える場合は、送料は無料

　　　• それ以外の場合は、送料は 500 円

問 6. 問 5 のプログラムを、次のルールで判定した送料をコンソール上に出力するプログラムに変更せよ。
　　　• 会員の場合
　　　　◦ 合計金額が 10000 円未満の場合は、送料は 300 円
　　　　◦ 上記以外の場合は、送料は無料
　　　• 非会員の場合
　　　　◦ 合計金額が 12000 円以下の場合は、送料は 500 円
　　　　◦ 上記以外の場合は、送料は 200 円

問 7. Window の幅が 500 を超える場合は背景を白、それ以外の場合は背景を黒に塗るプログラムを作成せよ。

問 8. Window の面積が 10000 以下の場合は背景を白、面積が 10000 より大きく 20000 未満の場合は背景を灰色、それ以外の場合は背景を黒に塗るプログラムを作成せよ。

問 9. 任意の大きさ・位置の円を描画する際、円の直径が 200 未満の場合は円の塗り色を青、それ以外の場合は円の塗り色を赤にするプログラムを作成せよ。

6

繰り返し

6.1　本章の概要

　本章では、**繰り返し**について学びます。繰り返しは**ループ**とも呼ばれ、**ある条件が成立するかぎり、ある処理を繰り返し実行する**ことです。繰り返しの概念を図 6-1 に示します。図の左側は日常生活における例です。これは、「未読メッセージが残っている」という条件が真（成り立つ）であるかぎり、「次の未読メッセージを読む」という処理を繰り返しています。図の右側はプログラミングにおける例です。これは、「i が 5 未満」という条件が真であるかぎり、「i の値を 1 増やす」という処理を繰り返しています。

　繰り返しを用いると、プログラミングで実現できる処理が格段に広がります。たとえば、ある図形を1000個描画するプログラムや、ある演算を1万回実行するプログラムなどが容易に実現できます。

6.2　高度な代入演算子

　繰り返しの具体的な書式を学ぶ前に、繰り返し処理を制御するために必要となる、高度な代入演算子について説明します。3.3.2 項で導入した代入演算子「=」は、左辺の変数に、右辺の変数・データを代入するものでした。一方、表 6-1 に示すように、左辺の変数に、右辺の変数・データを加減乗除したものを代入する書式があります。

　それぞれの挙動をコード 6-1、実行結果 6-1 で確認してみましょう。

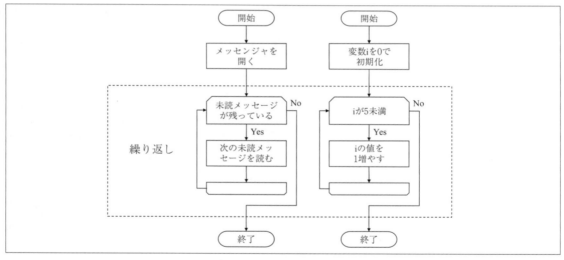

〔図 6-1〕繰り返しの概念

〔表 6-1〕高度な代入演算子

記号	名称	役割
+=	加算代入演算子	左辺の変数に、右辺の変数・データを加算した値を代入する。
-=	減算代入演算子	左辺の変数に、右辺の変数・データを減算した値を代入する。
*=	乗算代入演算子	左辺の変数に、右辺の変数・データを乗算した値を代入する。
/=	除算代入演算子	左辺の変数に、右辺の変数・データを除算した値を代入する。

コード 6-1 [高度な代入演算子の使用例]

```
int a = 0;
int b = 0;
int c = 2;
int d = 10;

a += 1;
println(a);

b -= 2;
println(b);

c *= 3;
println(c);

d /= 2;
println(d);
```

実行結果 6-1（コンソール）

```
1
-2
6
5
```

　なお、コード 6-1 は、コード 6-2 のように書くこともできます。しかし、繰り返しのアルゴリズムでは、左辺の変数に、右辺の変数・データを加減乗除したものを代入するシーンが頻繁に登場します。そこで、記述の簡便さの観点から、本書ではコード 6-1 のように高度な代入演算子を用いることとします。

コード 6-2 [高度な代入演算子を使わない例]

```
int a = 0;
int b = 0;
int c = 2;
int d = 10;

a = a + 1;
println(a);

b = b - 2;
println(b);

c = c * 3;
println(c);

d = d / 2;
println(d);
```

6.3 インクリメント／デクリメント演算子

6.3.1 インクリメント／デクリメント演算子

　繰り返しのアルゴリズムを実装する際、int 型の変数の値を 1 つ増やしたい、あるいは減らしたい場合が多くあります。もちろん、高度な代入演算子を用いて「i += 1」と書いても誤りではありませんが、Processing（および他の多くのプログラミング言語）には、より洗練された記述法が用意されています。それは、int 型変数の値を 1 つずつ増やす**インクリメント演算子**と、1 つずつ減らす**デクリメント演算子**です。

6.3.2 後置インクリメント演算子

　構文 6-1 は、int 型の変数の値を 1 増やす方法です。変数の後ろにある「++」を**後置インクリメント演算子**[17]といいます。

構文 6-1

```
value++
```
int 型の変数 value の値を 1 増やす（当該文の実行後に行う）。

　「後置」や「当該文の実行後に行う」の意味はこのあとすぐに説明しますので、まずは、この構文の挙動をコード 6-3、実行結果 6-2 で確認しましょう。

コード 6-3［後置インクリメント演算子の使用例 1］

```
int x = 1;
x++;
println(x);
```

実行結果 6-2（コンソール）

```
2
```

　「x++」により、x の値が 1 増えていることが分かります。

　この挙動をさらに深く理解するために、コード 6-3 をコード 6-4 のように書きかえます。これを実行すると、実行結果 6-3 のようになります。

コード 6-4［後置インクリメント演算子の使用例 2］

```
int x = 1;
println(x++);
println(x);
```

---

[17] Processing 公式サイトの説明（https://processing.org/reference/increment.html）ではインクリメント演算子に明示的な名称が定義されていませんが、本書では分かりやすさのためこのように呼ぶことにします。本節の他の演算子も同様です。

```
1
2
```

ご覧のとおり、コード 6-4 の 2 行目の出力は 1 で、3 行目の出力は 2 です。この挙動が予想外だった方もいるのではないでしょうか？このように、後置インクリメント演算子をつけた変数の値が 1 増えるのは、**この演算子を記載した文が実行された後**です。この点は極めて重要です。

6.3.3 　前置インクリメント演算子

　構文 6-2 も、int 型の変数の値を 1 増やす方法です。変数の前にある「++」を**前置インクリメント演算子**といいます。

構文 6-2

```
++value
```
int 型の変数 value の値を 1 増やす（当該文の実行前に行う）。

　この構文の挙動をコード 6-5、実行結果 6-4 で確認しましょう。

コード 6-5［前置インクリメント演算子の使用例 1］

```
int x = 1;
++x;
println(x);
```

実行結果 6-4（コンソール）

```
2
```

この挙動は、後置インクリメント演算子のものと変わりません。
　それでは、コード 6-6、実行結果 6-5 を確認してみましょう。

コード 6-6［前置インクリメント演算子の使用例 2］

```
int x = 1;
println(++x);
println(x);
```

実行結果 6-5（コンソール）

```
2
2
```

鋭い方は、この挙動は予想できたかもしれません。このように、前置インクリメント演算子をつけた変数の値が1増えるのは、**この演算子を記載した文が実行される前**です。

6.3.4 後置デクリメント演算子

構文6-3は、int 型の変数の値を1減らす方法です。変数の後ろにある「--」を後置デクリメント演算子といいます。

構文 6-3

```
value--
```
int 型の変数 value の値を1減らす（当該文の実行後に行う）。

この構文の挙動をコード6-7、実行結果6-6で確認しましょう。

コード 6-7 [後置デクリメント演算子の使用例 1]

```
int x = 5;
x--;
println(x);
```

実行結果 6-6（コンソール）

```
4
```

続いて、コード6-8、実行結果6-7を確認してみましょう。

コード 6-8 [後置デクリメント演算子の使用例 2]

```
int x = 5;
println(x--);
println(x);
```

実行結果 6-7（コンソール）

```
5
4
```

このように、後置デクリメント演算子をつけた変数の値が1減るのは、**この演算子を記載した文が実行された後**です。

6.3.5 前置デクリメント演算子

構文6-4は、int 型の変数の値を1減らす方法です。変数の前にある「--」を前置デクリメント演算子といいます。

```
--value
```
int 型の変数 value の値を 1 減らす（当該文の実行前に行う）。

　この構文の挙動をコード 6-9、実行結果 6-8 で確認しましょう。

コード 6-9 [前置デクリメント演算子の使用例 1]

```
int x = 5;
--x;
println(x);
```

実行結果 6-8 (コンソール)

```
4
```

　続いて、コード 6-10、実行結果 6-9 を確認してみましょう。

コード 6-10 [前置デクリメント演算子の使用例 2]

```
int x = 5;
println(--x);
println(x);
```

実行結果 6-9 (コンソール)

```
4
4
```

　このように、前置デクリメント演算子をつけた変数の値が 1 減るのは、**この演算子を記載した文が実行される前**です。

6.4　while 文
6.4.1　while 文の基礎
　繰り返しを実現する基本的な手段が **while** 文です。while 文の書式を構文 6-5、処理の流れを図 6-2 に示します。

構文 6-5

```
while(test) {
  statements
}
```
test（条件式）の結果が true（真）であるかぎり statements（文）を繰り返し実行する。

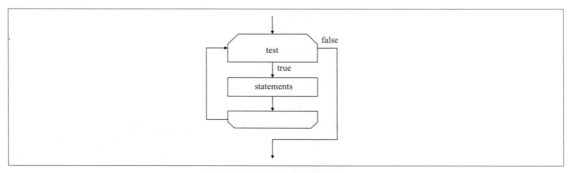

〔図6-2〕while 文の処理の流れ

　while 文の使用例を確認しましょう。コード6-11、コード6-12 は、変数 i が一定条件を満たすかぎり、変数 i の値をコンソール上に出力し続けるものです。

コード6-11 ［while 文の使用例1］

```
int i = 0;
while(i < 5) {
  println(i);
  i++;
}
```

実行結果6-10 （コンソール）

```
0
1
2
3
4
```

コード6-12 ［while 文の使用例2］

```
int i = 10;
while(i >= 5) {
  println(i);
  i -= 2;
}
```

実行結果6-11 （コンソール）

```
10
8
6
```

一方、コード6-13 は、繰り返しを制御するカウンタとして変数 i を利用して、コンソール上

への出力を指定回数実行するものです。

コード 6-13 ［while 文の使用例 3］

```
int i = 0;
while(i < 5) {
  println("Hello");
  i++;
}
```

実行結果 6-12 （コンソール）

```
Hello
Hello
Hello
Hello
Hello
```

　ここで重要な注意点があります。それは、原則として、**while 文の条件式はいつか不成立になるようにする必要がある**ということです。たとえば、コード 6-14 を見てください。このコードでは、while 文の条件式は「i < 5」ですが、while ブロック内部で i は一切変更されず 0 のままであるので、条件式が不成立になることはなく、永遠に繰り返し処理が行われてしまいます。この状況は**無限ループ**と呼ばれます。無限ループが生じないよう、while 文の条件式がいつか不成立になるよう、条件式と while ブロック内の処理の関係に注意を払う習慣をつけてください。

コード 6-14 ［while 文による無限ループの例 （不適切なコード）］

```
int i = 0;
while(i < 5) {
  println(i);
}
```

なお、原理上、無限ループでなければ実現できない高度なアルゴリズムもあります。あるいは、必要性も無く無限ループを用いて、無限ループ内で特定の条件が成立したら繰り返し処理から脱出（break 文という書式を使うと実現できます）するバッドプラクティスを好むプログラマも一定数います。しかし、本書は初学者を対象としていますので、あくまで基本に忠実であるため、**無限ループの使用は非推奨**とします [18]。

6.4.2　while 文と if 文の組み合わせ
　while 文と if 文は組み合わせて利用できます。たとえば、if ブロックの中に while 文を記載することができますし、逆に while ブロックの中に if 文を記載することもできます。
　まず、if ブロックの中に while 文を記載する例を示します。コード 6-15 は、countUp が true な

---

[18] 8 章のアニメーションは例外的に無限ループの概念を用います。

ら「１２３４５」、false なら「５４３２１」とコンソール上に出力するプログラムです。入れ子構造の
if 文（5.7 節）と同様、**内側のブロックには 1 段深いインデントを入れる**習慣をつけましょう。

コード 6-15 [if ブロックの中に while 文を記載する例]

```
boolean countUp = true;
int i;

if(countUp) {
  i = 1;
  while(i <= 5) {
    print(i + " ");
    i++;
  }
} else {
  i = 5;
  while(i >= 1) {
    print(i + " ");
    i--;
  }
}
```

実行結果 6-13（コンソール）

```
1 2 3 4 5
```

　次に、while ブロックの中に if 文を記載する例を示します。コード 6-16 は、1 以上 10 未満
の整数をコンソール上に出力するものですが、対象が 3 の倍数の場合だけ数字の後ろに「!」
を追加します。

コード 6-16 [while ブロックの中に if 文を記載する例 1]

```
int i = 1;
while(i < 10) {
  if(i % 3 == 0) {
    print(i + "! ");
  } else {
    print(i + " ");
  }
  i++;
}
```

実行結果 6-14（コンソール）

```
1 2 3! 4 5 6! 7 8 9!
```

規則性のある描画を行う際には、while ブロック内に if 文を記載するアプローチが役立ちます。
コード 6-17 は、Window の左から右へ、白と緑の円を交互に描画するプログラムです。

```
size(800, 600);

color black = color(0, 0, 0);
color white = color(255, 255, 255);
color green = color(0, 250, 50);

int dia = 80;          // 各円の直径（diameter）
int x = dia / 2;       // １つ目の円の中心の x 座標
int y = height / 2;    // 各円の中心の y 座標
int i = 1;             // カウンタ

background(black);

while(x < width) {
  if(i % 2 == 1) {
    // i が奇数なら塗り色を白にする
    fill(white);
  } else {
    // i が偶数なら塗り色を緑にする
    fill(green);
  }
  ellipse(x, y, dia, dia);
  x += dia;
  i++;
}
```

実行結果 6-15（Window、実際にはカラー画像）

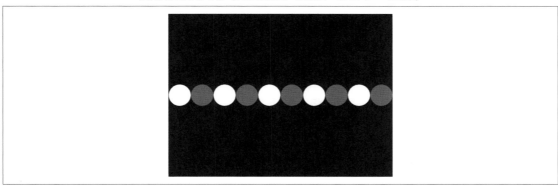

６．４．３　入れ子構造の while 文

　while 文は入れ子構造で利用することができます。この概念を理解するために、本棚に並んだ本を図 6-3 のようにチェックするシーンを考えます。

　この本棚は 3 段あり、各段とも 5 冊ずつ本が並んでいるとします。目当ての本を探すとき、みなさんの多くは、1 段目の左から右へ各本をチェックし、次の段の左から右へ各本をチェックし、という作業を繰り返すと思います。この行動を擬似コードで書くと次のようになります。

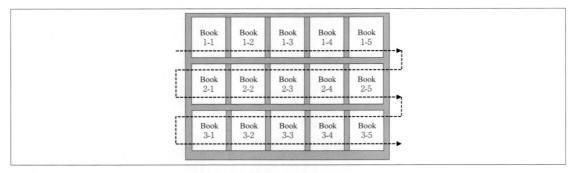

〔図 6-3〕本棚をチェックするシーン

```
1段目に目を向ける
while( 未チェックの段がある ) {
    現在段の左端の本に目を向ける
    while( 現在段に未チェックの本がある ) {
        現在の本をチェックする
        右の本に目を向ける
    }
    下の段に目を向ける
}
```

上記の擬似コードを具体的なプログラムにすると、コード 6-18 のようになります。このコードでは、本棚の段を i、各段の左端からの本の位置を j とし、本をチェックする行為を「i-j」という本の位置をコンソール上に出力することで表現しています。

コード 6-18 [本棚の各本をチェックするプログラム 1]

```
int i;
int j;

i = 1;                        // 1段目に目を向ける
while(i <= 3) {
  j = 1;                      // 現在段の左端の本に目を向ける
  while(j <= 5) {
    print(i + "-" + j + " "); // 現在の本をチェックする
    j++;                      // 右の本に目を向ける
  }
  println();
  i++;                        // 下の段に目を向ける
}
```

```
1-1  1-2  1-3  1-4  1-5
2-1  2-2  2-3  2-4  2-5
3-1  3-2  3-3  3-4  3-5
```

　コード 6-18 では、外側の while 文で段（i）を制御し、内側の while 文で左端からの位置（j）を制御していました。それでは、現実世界ではこのような人は少ないと思いますが、左端の本を 1 段目から最下段までチェックし、次に左から 2 番目の本を 1 段目から最下段までチェックし、という挙動を実装してみましょう。コード 6-18 の外側と内側の while ループを入れかえ、外側の while 文で左端からの位置（j）を制御し、内側の while 文で段（i）を制御すればよいことに気付くでしょう。この挙動を実装したプログラムをコード 6-19 に示します。

コード 6-19 ［本棚の各本をチェックするプログラム 2］

```
int i;
int j;

j = 1;
while(j <= 5) {
  i = 1;
  while(i <= 3) {
    print(i + "-" + j + " ");
    i++;
  }
  println();
  j++;
}
```

実行結果 6-17 （コンソール）

```
1-1  2-1  3-1
1-2  2-2  3-2
1-3  2-3  3-3
1-4  2-4  3-4
1-5  2-5  3-5
```

　入れ子構造の while 文と、if 文を組み合わせると、素数の発見のような複雑な問題も解くことができます。素数とは、1 より大きい自然数で、正の約数が 1 と自分自身のみである数のことです。言いかえると、正の約数が 2 つである自然数です。この点をふまえ、素数を小さい方から 10 個列挙するコード 6-20 を理解してみましょう。

コード6-20 ［素数を小さい方から10個列挙するプログラム］

```
int i = 2;                  // 素数かどうかチェックする対象
int div;                    // 対象の約数候補（約数とは限らない）
int divCount;               // 対象の約数の数
int primeCount = 0;         // 発見した素数の数

while(primeCount < 10) { // 素数を10個発見するまで繰り返す
  div = 1;                  // 対象の約数候補を1で初期化
  divCount = 0;             // 対象の約数の数を0で初期化

  while(div <= i) {         // 約数候補の最大値はi
    if(i % div == 0) {
      divCount++;           // 対象が約数候補で割り切れたら、約数の数をインクリメント
    }
    div++;
  }

  if(divCount == 2) {       // 対象の約数の数が2個（＝素数）かどうか判定
    print(i + " ");
    primeCount++;
  }

  i++;
}
```

実行結果6-18（コンソール）

```
2 3 5 7 11 13 17 19 23 29
```

　入れ子構造のwhile文を用いると、2次元構造を持つ繰り返し図形を描画することもできます。たとえば、横方向に円を並べる作業を、Windowの上から下まで繰り返すコード6-21を実行すると、実行結果6-19のような描画結果が得られます。

コード6-21 ［Window内に円を敷き詰めるプログラム1］

```
size(800, 600);

int dia = width / 20; // 円の直径
int x;                    // 円の中心のx座標
int y;                    // 円の中心のy座標

y = dia / 2;
while(y + dia / 2 <= height) { // y + dia / 2がWindowの下端に接するまで繰り返す
  x = dia / 2;
  while(x + dia / 2 <= width) { // x + dia / 2がWindowの右端に接するまで繰り返す
    ellipse(x, y, dia, dia);
    x += dia;
  }
  y += dia;
}
```

実行結果 6-19（Window）

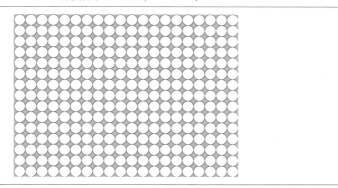

コード 6-21 に if 文を組み合わせると、コード 6-22・実行結果 6-20 のように、円の塗り色を黒と白の交互に変化させる挙動も実現できます。

コード 6-22 ［Window 内に円を敷き詰めるプログラム 2］

```
size(800, 600);

color black = color(0, 0, 0);
color white = color(255, 255, 255);

int dia = width / 20;
int x;
int y;
boolean isBlack = true;

y = dia / 2;
while(y + dia / 2 <= height) {
  x = dia / 2;
  while(x + dia / 2 <= width) {
    if(isBlack) {
      fill(black);
    } else {
      fill(white);
    }
    ellipse(x, y, dia, dia);
    x += dia;
    isBlack = !isBlack; // isBlackの真偽を反転させる
  }
  y += dia;
}
```

実行結果 6-20（Window）

　while 文は、3 段階、4 段階とさらに深い入れ子構造にすることも可能です。しかし、if 文の場合と同様、深い入れ子構造はプログラムを複雑化してしまいますので、なるべく浅い入れ子構造で済むようなアルゴリズムで実装することを推奨します。

6.5　for 文

6.5.1　for 文の基礎

　while 文と並び、繰り返しを実現する代表的な方法に、**for 文**があります。for 文の書式を構文 6-6、処理の流れを図 6-4 に示します。

構文 6-6

```
for(init; test; update) {
  statements
}
```

最初に init（初期化処理）を実行し、test（条件式）の結果が true（真）である限り、statements（文）を繰り返し実行する。statements を実行するたびに update（更新処理）を実行する。

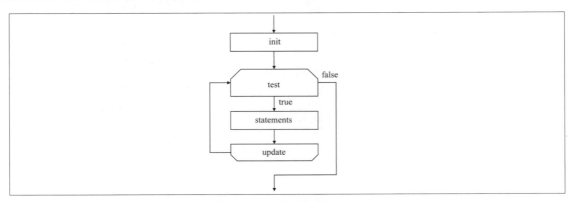

〔図 6-4〕for 文の処理の流れ

for 文の使用例を確認しましょう。コード 6-23、コード 6-24 は、変数 i が一定条件を満たすかぎり、変数 i の値をコンソール上に出力し続けるものです。コード 6-23 では、6.3.2 項で紹介した後置インクリメント演算子で for 文の更新処理を記述している点に注意してください。

コード 6-23 ［for 文の使用例 1］

```
for(int i = 0; i < 5; i++) {
  println(i);
}
```

実行結果 6-21（コンソール）

```
0
1
2
3
4
```

コード 6-24 ［for 文の使用例 2］

```
for(int i = 10; i >= 5; i -= 2) {
  println(i);
}
```

実行結果 6-22（コンソール）

```
10
8
6
```

一方、コード 6-25 は、繰り返しを制御するカウンタとして変数 i を利用して、コンソール上への出力を指定回数実行するものです。

コード 6-25 ［for 文の使用例 3］

```
for(int i = 0; i < 5; i++) {
  println("Hello");
}
```

実行結果 6-23（コンソール）

```
Hello
Hello
Hello
Hello
Hello
```

while 文と同様に、意図せず無限ループにならないよう、初期化処理、条件式、更新処理を適切に設定しましょう。

6.5.2　for 文と if 文の組み合わせ

for 文も if 文と組み合わせて利用できます。if ブロックの中に for 文を記載することができますし、逆に for ブロックの中に if 文を記載することもできます。

まず、if ブロックの中に for 文を記載する例を示します。コード 6-26 は、countUp が true なら「１２３４５」、false なら「５４３２１」とコンソール上に出力するプログラムです。

コード 6-26 ［if ブロックの中に for 文を記載する例］

```
boolean countUp = true;

if(countUp) {
  for(int i = 1; i <= 5; i++) {
    print(i + " ");
  }
} else {
  for(int i = 5; i >= 1; i--) {
    print(i + " ");
  }
}
```

実行結果 6-24（コンソール）

```
1 2 3 4 5
```

次に、for ブロックの中に if 文を記載する例を示します。コード 6-27 は、1 以上 10 未満の整数をコンソール上に出力するものですが、対象が 3 の倍数の場合だけ数字の後ろに「！」を追加します。

コード 6-27 ［for ブロックの中に if 文を記載する例 1］

```
for(int i = 1; i < 10; i++) {
  if(i % 3 == 0) {
    print(i + "! ");
  } else {
    print(i + " ");
  }
}
```

実行結果 6-25（コンソール）

```
1 2 3! 4 5 6! 7 8 9!
```

コード 6-8 は、Window の左から右へ、白と緑の円を交互に 10 個描画するプログラムです。

```
size(800, 600);

color black = color(0, 0, 0);
color white = color(255, 255, 255);
color green = color(0, 250, 50);

int count = 10;           // 円の数
int dia = width / count; // 各円の直径（diameter）
int x = dia / 2;          // 1つ目の円の中心の x 座標
int y = height / 2;       // 各円の中心の y 座標

background(black);

for(int i = 1; i <= count; i++) {
  if(i % 2 == 1) {
    // i が奇数なら塗り色を白にする
    fill(white);
  } else {
    // i が偶数なら塗り色を緑にする
    fill(green);
  }
  ellipse(x, y, dia, dia);
  x += dia;
}
```

実行結果 6-26（Window、実際にはカラー画像）

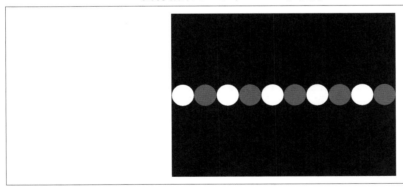

6．5．3　入れ子構造の for 文

　for 文も入れ子構造で利用することができます。while 文の場合（6.4.3 項）と同様、本棚に並んだ本を図 6-3 のようにチェックするシーンを考えます。本棚の段を i、各段の左端からの本の位置を j とし、本をチェックする行為を「i-j」という本の位置をコンソール上に出力することとすると、本をチェックする行動はコード 6-29 のように実装できます。while 文の場合（コード 6-18）と比較しながら、理解してみましょう。

コード 6-29 [本棚の各本をチェックするプログラム 3]

```
for(int i = 1; i <= 3; i++) {
  for(int j = 1; j <= 5; j++) {
    print(i + "-" + j + " ");
  }
  println();
}
```

実行結果 6-27 (コンソール)

```
1-1 1-2 1-3 1-4 1-5
2-1 2-2 2-3 2-4 2-5
3-1 3-2 3-3 3-4 3-5
```

コード 6-30 は、入れ子構造の for 文と if 文を組み合わせて、九九の表をコンソール上に出力するプログラムです[19]。

コード 6-30 [九九の表を出力するプログラム]

```
int val;
for(int i = 1; i <= 9; i++) {
  for(int j = 1; j <= 9; j++) {
    val = i * j;
    if(val < 10) {
      print(" " + val + " ");  // 1桁の場合は先頭にスペースを追加して出力
    } else {
      print(val + " ");        // 1桁でない場合はそのまま出力
    }
  }
  println();
}
```

実行結果 6-28 (コンソール)

```
 1  2  3  4  5  6  7  8  9
 2  4  6  8 10 12 14 16 18
 3  6  9 12 15 18 21 24 27
 4  8 12 16 20 24 28 32 36
 5 10 15 20 25 30 35 40 45
 6 12 18 24 30 36 42 48 54
 7 14 21 28 35 42 49 56 63
 8 16 24 32 40 48 56 64 72
 9 18 27 36 45 54 63 72 81
```

---

[19] 九九の表は上から下に読み上げることが多いですが、ここでは実装の複雑さを避けるため、左から右に向けて要素の計算・出力を行っています。

続いて、入れ子構造の for 文を用いて、2次元構造を持つ図形パターンを描画する例を確認します。コード 6-31 は、正方形 Window 内に、横方向に 10 個、縦方向に 10 個、正方形を並べる例です。

コード 6-31［Window 内に正方形を並べるプログラム 1］

```
size(800, 800);

int count = 10;              // 1行（1列）の正方形の数
int len = width / (2 * count); // 正方形の1辺の長さ
int x;                       // 正方形の左上頂点の x 座標
int y;                       // 正方形の左上頂点の y 座標

y = len / 2;
for(int i = 1; i <= count; i++) {    // 縦方向に count 回繰り返す
  x = len / 2;
  for(int j = 1; j <= count; j++) { // 横方向に count 回繰り返す
    rect(x, y, len, len);
    x += 2 * len;
  }
  y += 2 * len;
}
```

実行結果 6-29（Window）

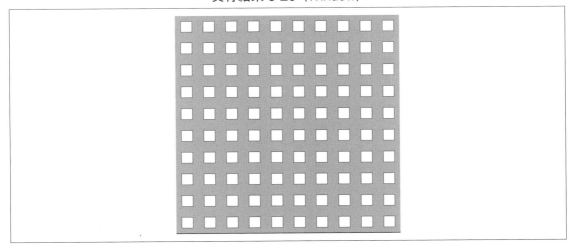

コード 6-31 に if 文を組み合わせると、コード 6-32・実行結果 6-30 のように、対角線上の正方形のみ黒く塗る挙動も実現できます。

コード 6-32 [Window 内に正方形を並べるプログラム 2]

```
size(800, 800);

color black = color(0, 0, 0);
color white = color(255, 255, 255);

int count = 10;
int len = width / (2 * count);
int x;
int y;

y = len / 2;
for(int i = 1; i <= count; i++) {
  x = len / 2;
  for(int j = 1; j <= count; j++) {
    if(i == j) { // 上から数えた位置（i）と左から数えた位置（j）が等しい場合は対角線上にある
      fill(black);
    } else {
      fill(white);
    }
    rect(x, y, len, len);
    x += 2 * len;
  }
  y += 2 * len;
}
```

実行結果 6-30（Window）

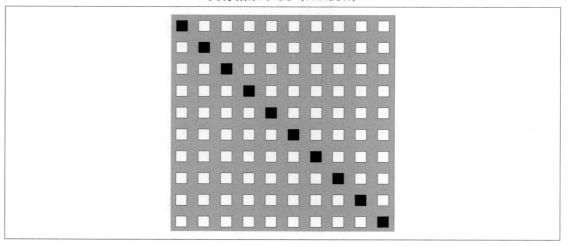

　while 文と同様に、for 文もさらに深い入れ子構造にできます。深すぎる入れ子構造は推奨しないことも同様です。

6.6 while 文と for 文の比較

6.4 節で while 文、6.5 節で for 文を学びました。どちらも繰り返しを実現する手段であり、挙動はよく似たものでした。それでは、これらはどのように使い分けたらよいのでしょうか？

繰り返しの回数が事前に明らかである場合は、for 文を使う方がよいでしょう。たとえば、円を横方向に 5 個並べて描画するプログラムを、for 文で実現したものをコード 6-33、while 文で実現したものをコード 6-34 に示します。

コード 6-33 ［円を横方向に 5 個並べるプログラム（for 文）］

```
size(800, 600);

int dia = 80;
int x = dia / 2;
int y = height / 2;

for(int i = 0; i < 5; i++) {
  ellipse(x, y, dia, dia);
  x += dia;
}
```

コード 6-34 ［円を横方向に 5 個並べるプログラム（while 文）］

```
size(800, 600);

int dia = 80;
int x = dia / 2;
int y = height / 2;
int i = 0;

while(i < 5) {
  ellipse(x, y, dia, dia);
  x += dia;
  i++;
}
```

実行結果 6-31（Window）

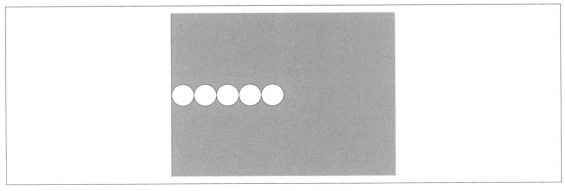

コード6-33では、for文の初期化処理で宣言した変数iで繰り返し回数を管理しています。繰り返しが実行されるたびに繰り返し回数をインクリメントする処理（i++）は、for文の更新処理で定義しています。このように、for文では繰り返し回数の管理をfor文の初期化処理・更新処理で行うので、繰り返し回数に関する記述を忘れにくい・誤りにくい効果があります。一方、コード6-34では、繰り返し回数を管理する変数iをwhile文の外部で宣言・初期化する必要があります。繰り返し回数をインクリメントする処理も、whileブロック内の1文として記述しなければなりません。このため、変数iの宣言やインクリメントを忘れてしまうことがよくあります。

すると、常にfor文を使えばよいと思う人がいるかもしれませんが、そうとも言い切れません。たとえば、あらかじめ直径が80と決められた円を、Windowに収まる範囲でできるだけ多く横方向に並べて描画するシーンを考えます。これをwhile文で書くと、コード6-35のようになります。

コード6-35 ［円を横方向にできるだけ多く並べるプログラム（while文）］

```
size(800, 600);

int dia = 80;
int x = dia / 2;
int y = height / 2;

while(x + dia / 2 <= width) {  // (1) 円の右端（x + dia / 2）がwidth以下かどうか判定
  ellipse(x, y, dia, dia);     // (2) 中心（x, y）、直径diaの円を描画
  x += dia;                    // (3) 中心のx座標をdiaだけ右にずらす
}
```

実行結果6-32（Window）

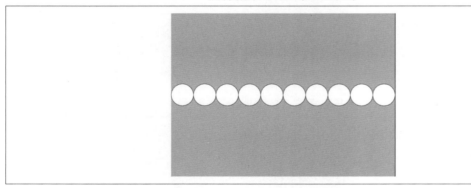

このコードをfor文で書くとどうなるでしょうか？円をいくつ描画すればよいのか不明なので、コード6-33のように繰り返し回数を変数iで管理する書き方にするためには、プログラム中で描画する円の数を求める必要があります（当然ですが、人間が計算で求めてはいけません）。繰り返し回数を用いずにfor文で書くとすれば、コード6-36のようになります。for文の記述がほんの少しですが、長く複雑になってしまうことが分かります。

コード 6-36 [円を横方向にできるだけ多く並べるプログラム（for 文）]

```
size(800, 600);

int dia = 80;
int y = height / 2;

for(int x = dia / 2; x + dia / 2 <= width; x += dia) {
  ellipse(x, y, dia, dia);
}
```

それでは、コード6-37 のようなケースはどうでしょうか？これは、外側から同心円を描画するプログラムです。

コード 6-37 [同心円を描画するプログラム]

```
size(800, 800);

int dia = width;

while(dia > 10) { // 直径が 10 より大きい限り円を描画し続ける
  ellipse(width / 2, height / 2, dia, dia);
  if(dia > 200) {
    // 現在の直径が 200 より大きいなら、次の直径は現在の 0.8 倍
    dia *= 0.8;
  } else {
    // 現在の直径が 200 以下なら、次の直径は現在の 0.5 倍
    dia *= 0.5;
  }
}
```

実行結果 6-33（Window）

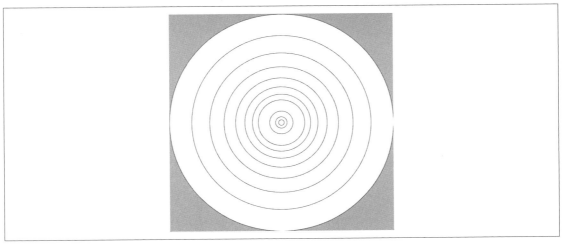

このコードも、円をいくつ描画すればよいのか不明です。さらに、繰り返しのたびに dia に対して行う更新処理が条件分岐しているため、コード6-36のように for 文で書き直すことは簡単ではありません。

読みやすいコードを書くためには、原則として、**繰り返し回数が明らかな場合は for 文、そうでない場合は while 文**を用いるとよいでしょう。

6.7 本章のまとめ

高度な代入演算子・インクリメント／デクリメント演算子
- 左辺の変数に、右辺の変数・データを加減乗除したものを代入する書式として、「+=」、「-=」、「*=」、「/=」がある。
- int 型変数の値を1つずつ増やすインクリメント演算子、1つずつ減らすデクリメント演算子がある。
- インクリメント／デクリメント演算子は、前置か後置かによって値の増減のタイミングが異なる。

while 文
- 繰り返しを実現する書式として、while 文がある。
- if 文との組み合わせ、入れ子構造での利用が可能。
- 繰り返し回数が不明の場合でも利用しやすい。

for 文
- 繰り返しを実現する書式として、for 文がある。
- if 文との組み合わせ、入れ子構造での利用が可能。
- 繰り返し回数が不明の場合は利用しにくい。

6.8 演習問題

問1. 初項1、公差3の等差数列の要素のうち、100未満のものを小さい順にすべて、半角スペース区切りでコンソール上に出力せよ。

問2. 問1の数列の要素を、小さい順に100個、半角スペース区切りでコンソール上に出力せよ。

問3. 初項が1で、隣接する項の差が1、2、3、・・・と1つずつ大きくなる数列を考える。具体的には、先頭から順に1、2、4、7、11、16、・・・という数列である。この数列の要素のうち、100未満のものを小さい順にすべて、半角スペース区切りでコンソール上に出力せよ。

問4. 問3の数列の要素を、小さい順に100個、半角スペース区切りでコンソール上に出力せよ。

問5. 1以上100未満の整数のうち、7の倍数を小さい順にすべて、半角スペース区切りでコンソール上に出力せよ。while 文を用いる場合と、for 文を用いる場合の両方を作成すること。

問 6. 9000 以上 10000 以下の整数のうち、11 の倍数を大きい順にすべて、半角スペース区切りでコンソール上に出力せよ。while 文を用いる場合と、for 文を用いる場合の両方を作成すること。

問 7. 幅・高さ 800 の Window 内に、正方形を重ねて描画するシーンを考える。下記の条件をすべて満たす描画を行うプログラムを作成せよ。目標の出力は下図のとおりである。
   • 各正方形の左上頂点は (0, 0) である。
   • 各正方形の 1 辺の長さは、すぐ外側の正方形の 1 辺の長さの 0.8 倍である。
   • 一番小さい正方形の 1 辺の長さは、10 より大きい。

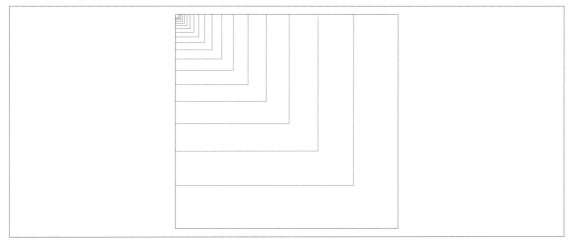

問 8. 問 7 の描画において、正方形の塗り色が、外側から白と黒が交互になるようにせよ。目標の出力は下図のとおりである。

問9. 下図のパターンを描画せよ（ヒント：3回に1回黒く塗る）。

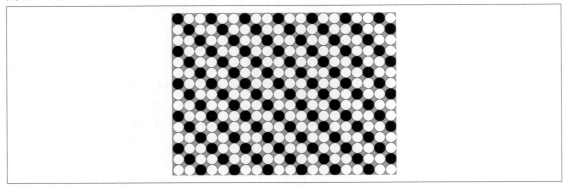

7

配列

7.1 本章の概要

本章では、**配列**について学びます。配列とは、**複数の要素の集合を表現するデータ構造**であり、集合内の各要素を**添字（インデックス）**で区別します。配列の概念を図 7-1 に示します。

図の左側に示すように、配列を用いずに各データをバラバラに扱う場合、個々のデータに名前を付けて管理する必要があります。データが数個ならよいですが、数百〜数千のデータを扱わなければいけないシーンは珍しくありません。変数を数千個も宣言することは、とても現実的とは言えないでしょう。

一方、図の右側に示すように、配列を用いると、複数のデータを１つの集合として扱うことができます。配列内の各データはそれぞれが１つの変数であり、配列内における位置を表す添字で管理できるため、各データを区別するために数千個も変数を宣言する必要はありません。たとえば、0 以上の整数 i を添字として用いて、配列 books 内の i 番目のデータを books[i] と表現できます [20]。

なお、Processing では多次元配列も扱うことができますが、本書は初学者向けですので、1次元配列のみを扱うこととします。以降、単に配列と記載する場合は 1 次元配列を指します。

7.2 配列変数の宣言・代入・参照

配列を利用するためには、配列変数を用いる必要があります。配列変数は変数の一種ですので、これまでに扱ってきた変数と同じく、宣言・代入・参照ができます。しかし、これまでの変数とは異なる点もいくつかあります。

7.2.1 配列変数の宣言

配列変数を宣言する際、（1）宣言のみを行う場合と、（2）宣言と初期化を同時に行う場合で、大きく書式が異なります。

まず、（1）配列変数の宣言のみを行う場合の書式を構文 7-1 に示します。

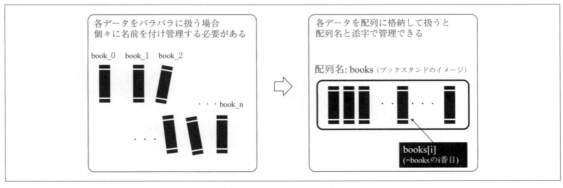

〔図 7-1〕配列の概念

---

[20] i は 0 から始まることに注意してください。つまり、配列内の先頭データは 0 番目となります。詳細は後述します。

```
datatype[] array = new datatype[length];
```
datatype 型で、要素数が length の、配列変数 array を宣言する。

- datatype 型は、int 型、float 型など表 3-1 に示す基本的なデータ型や、color 型などの任意の変数の型を表します。型名の後に配列であることを示す [ ] を付けることと、左辺と右辺の datatype は揃える必要があることに注意してください。
- array は、配列変数名であり、3.3.1 項に示したルール・習慣に基づいて決めてください。配列はデータの集合ですので、配列変数の変数名は複数形（例：books、scores）にする習慣があります。
- new は、演算子の 1 つです[21]。
- length は 0 以上の整数であり、要素数（配列に格納できるデータの数）を表します。

配列変数の宣言のみを行う例をコード 7-1 に示します。

コード 7-1［配列変数の宣言のみを行う例］

```
// int 型で要素数 5 の配列変数
int[] prices = new int[5];

// float 型で要素数 3 の配列変数
float[] weights = new float[3];

// char 型で要素数 10 の配列変数
char[] englishGrades = new char[10];

// String 型で要素数 100 の配列変数
String[] messages = new String[100];

// boolean 型で要素数 1000 の配列変数
boolean[] judges = new boolean[1000];

// color 型で要素数 10000 の配列変数
color[] ballColors = new color[10000];
```

配列変数の宣言を行うと、指定した型・要素数の変数を格納できる配列を作成できます。ここで重要なことが 2 つあります。1 つ目は、**添字**です。添字とは、配列内の各要素を区別するための番号であり、配列の先頭要素を 0、次の要素を 1、といったように区別します。添字は **0 から始まる**ため、配列の要素数を n とする場合、配列の末尾要素の添字は n-1 となります。2 つ目は、**初期値**です。配列変数の宣言のみを行った場合は、配列内の各要素は**デフォルト値**で**初期化**されています。デフォルト値は、int 型は 0、float 型は 0.0、char 型は空文字、String 型は null（値が未定義であることを示す）、boolean 型は false です。int 型で要素数 5 の配列変数

---

[21] 役割を理解するためには、オブジェクト指向プログラミング言語の概念の理解が必要です。初学者向けの本書では説明を省略します。

の宣言のみを行った場合のイメージを図7-2に示しますので、上記2点を確認してください。
　次に、(2) 配列変数の宣言と初期化を同時に行う場合の書式を構文7-2に示します。

構文7-2

```
datatype[] array = {value_1, ..., value_n};
```
datatype 型の配列変数 array を宣言し、各要素を value_1, ..., value_n で初期化する。

- value_1, ..., value_n は、datatype 型の値である必要があります。
- value_1, ..., value_n は、波括弧で囲み、カンマ区切りで並べます。

　配列変数の宣言と初期化を同時に行う例をコード7-2に示します。

コード7-2［配列変数の宣言と初期化を同時に行う例］

```
// int 型の配列変数を5個の要素で初期化
int[] prices = {100, 200, 300, 400, 500};

// float 型の配列変数を4個の要素で初期化
float[] weights = {40.9, 50.1, 49.3, 52.1};

// char 型の配列変数を4個の要素で初期化
char[] englishGrades = {'S', 'S', 'C', 'A'};

// String 型の配列変数を3個の要素で初期化
String[] messages = {"Hello", "Welcome", "Bye"};

// boolean 型の配列変数を3個の要素で初期化
boolean[] judges = {true, true, false};

// color 型の配列変数を2個の要素で初期化
color[] ballColors = {color(0, 0, 0), color(100, 100, 200)};
```

配列変数の宣言と初期化を同時に行うと、指定した各要素を格納した配列を作成できます。要

〔図7-2〕配列変数の宣言のみを行った場合のイメージ

素数は、指定した要素の総数で自動的に決まります。int 型の配列変数を宣言し、同時に要素を 100、200、300、400、500 で初期化した場合のイメージを図 7-3 に示します。

7．2．2　配列の各要素への代入

　配列変数以外の変数と同様に、配列の各要素には値を代入できます。代入を行う対象は添字を用いて指定します。宣言のみを行った配列変数と、宣言・初期化を行った配列変数の各要素に代入を行う例をコード 7-3 に示します。

コード 7-3 ［配列要素への代入を行う例］

```
int[] prices = new int[5];
float[] weights = {40.9, 50.1, 49.3, 52.1};

prices[0] = 100;
prices[1] = 200;
prices[2] = 300;
prices[3] = 400;
prices[4] = 500;

weights[2] = 59.3; // weights[2] を新しい値で上書き
```

　代入を行う際は、添字の範囲に注意が必要です。配列の要素数を n とするとき、添字の範囲は 0 から n-1 までです。この範囲を外れる添字を用いて代入を行おうとすると、エラーとなります。初学者の方は特に、配列の末尾要素への代入を行う際の添字を n と間違えることが多いので注意してください。不適切な添字を用いて代入を行おうとする例をコード 7-4 に示します。

コード 7-4 ［不適切な添字で代入を行おうとする例（不適切なコード）］

```
int[] prices = new int[5];
float[] weights = {40.9, 50.1, 49.3, 52.1};

prices[5] = 1000;    // 5 が添字の範囲外
weights[-1] = 59.3; // −1 が添字の範囲外
```

〔図 7-3〕配列変数の宣言と初期化を同時に行った場合のイメージ

7.2.3　配列の各要素の参照

　代入と同様に、添字を用いて配列の各要素の値を参照できます。参照を行う例をコード7-5に示します。

コード7-5 [配列要素の参照を行う例]

```
int[] prices = {100, 200, 300, 400, 500};

println(prices[0]);
println(prices[1] + prices[2]);
```

実行結果7-1 (コンソール)

```
100
500
```

　参照を行う際も、添字の範囲に注意が必要です。配列の要素数をnとするとき、0からn-1までの範囲を外れる添字を用いて参照を行おうとすると、エラーとなります。不適切な添字を用いて参照を行おうとする例をコード7-6に示します。

コード7-6 [不適切な添字で参照を行おうとする例 (不適切なコード)]

```
int[] prices = {100, 200, 300, 400, 500};

println(prices[-1]);            // -1 が添字の範囲外
println(prices[4] + prices[5]); // 5 が添字の範囲外
```

7.2.4　配列の要素数の取得

　配列の要素数は、構文7-1の場合はプログラマが自分で指定しますし、構文7-2の場合もプログラマが自分で記載した要素の数を数えれば分かります。しかし、配列の走査時 (7.3節) のように、プログラム中で配列の要素数を取得したい場合が多々あります。配列の要素数 (配列長) を取得する書式を構文7-3に示します。

構文7-3

```
array.length
```
配列 array の要素数 (配列長) を取得する。

配列の要素数を取得する例をコード7-7に示します。

コード7-7 [配列の要素数を取得する例]

```
int[] prices = new int[5];
float[] weights = {40.9, 50.1, 49.3, 52.1};

prices[0] = 100;
```

```
prices[1] = 200;
prices[2] = 300;
prices[3] = 400;
prices[4] = 500;

println(prices.length);
println(weights.length);
```

```
5
4
```

7.3　配列の走査

　コード 7-3 やコード 7-5 では、配列の各要素に代入・参照を行う際、prices[2] のように添字に具体的な数字を記載していました。しかし、配列の要素数が 100 である場合を想像してみてください。添字に具体的な数字を記載する方法では、配列の全要素に代入・参照を行うために、100 回も似たようなコードを書かなければいけません。

　この問題を解決する手段が、6 章で学んだ繰り返しです。繰り返しを用いれば、配列の全要素への代入・参照を行う処理を容易に記載できます。配列の各要素に連続的にアクセスすることを、走査（スキャン）といいます。

キーワード 7-1

走査
配列などの集合を表すデータ構造の各要素に、連続的にアクセスすること。

　次項から、配列を走査する方法を説明します。その際、説明の都合上、多くの値を自動で生成する必要がありますので、乱数を生成する書式を導入します。

構文 7-4

```
random(high)
random(low, high)
```

random(high) の場合は、0 以上 high 未満の float 型の乱数を生成する。random(low, high) の場合は、low 以上 high 未満の float 型の乱数を作成する。

　構文 7-4 を用いて、乱数を生成する例をコード 7-8 に示します。乱数ですので、実行するたびに毎回結果が異なります。

コード 7-8 ［乱数生成の例］

```
for(int i = 0; i < 5; i++) {
    // 0 以上 1 未満の float 型の乱数を生成
```

```
    print(random(1) + " ");
}
println();

for(int i = 0; i < 10; i++) {
  // 100以上200未満のfloat型の乱数を生成した後、int型に型変換（4.4節参照）
  print(int(random(100, 200)) + " ");
}
println();
```

実行結果7-3（コンソール）

```
0.7260419 0.96289665 0.7138222 0.03761506 0.16354585
153 130 134 107 187 136 185 191 130 150
```

7.3.1　for文を用いた配列の走査

　for文で添字を1つずつ増やす／減らすことで、配列の走査を行うことができます。配列の全要素を参照する例をコード7-9に示します。配列の要素数をnとするとき、添字の範囲は0からn-1までであることと、nは構文7-3で取得できることに注目してください。

コード7-9［for文を用いた走査の例1］

```
int[] prices = {100, 200, 300, 400, 500};

for(int i = 0; i < prices.length; i++) {
  print(prices[i] + " ");
}
```

実行結果7-4（コンソール）

```
100 200 300 400 500
```

　より大規模な配列でも試してみましょう。0以上10未満の整数乱数を100個、配列の各要素に代入した上で、全要素を参照する例をコード7-10に示します。

コード7-10［for文を用いた走査の例2］

```
int[] data = new int[100];

// 配列の各要素に0以上10未満の整数乱数を代入
for(int i = 0; i < data.length; i++) {
  data[i] = int(random(10));
}

// 配列の全要素を参照
for(int i = 0; i < data.length; i++) {
  print(data[i] + " ");
}
```

```
1 1 5 5 0 2 7 7 0 8 8 1 7 0 3 5 2 5 8 3 7 6 4 1 6 8 6 9 1 3 9 3 7 3 0 4 4 3 1 1 8 5 7 0 9 8
9 6 1 6 6 4 8 2 4 4 4 7 0 4 5 6 7 4 9 5 1 3 5 2 9 0 7 7 3 5 4 2 7 6 9 5 7 9 6 0 0 3 5 2 7 9 1
6 4 1 7 1 7
```

7.3.2 while 文を用いた配列の走査

while 文で配列を走査する例をコード 7-11 に示します。

コード 7-11 [while 文を用いた走査の例]

```
int[] prices = {100, 200, 300, 400, 500};
int i = 0;

while(i < prices.length) {
  print(prices[i] + " ");
  i++;
}
```

実行結果 7-6 (コンソール)

```
100 200 300 400 500
```

このように、while 文でも配列は走査できます。しかし、6.6 節で述べたとおり、繰り返しの回数が事前に明らかである場合は、for 文が適しています。要素数が決まっている配列を走査するシーンでは、while 文を用いるよりは、for 文を用いた方がコードの見た目が簡潔で、添字をインクリメントするのを忘れるなどのバグも生じにくいでしょう。

7.4 配列の基本的な利用例

7.4.1 全要素の走査

配列の全要素の走査はここまでに何度か扱ってきましたが、ここであらためて整理をします。まずは、基本となる、全要素の順方向の走査をコード 7-12 に示します。

コード 7-12 [全要素の順方向の走査]

```
int[] data = {10, 20, 30, 40, 50, 60, 70, 80, 90, 100};

for(int i = 0; i < data.length; i++) {
  print(data[i] + " ");
}
```

実行結果 7-7 (コンソール)

```
10 20 30 40 50 60 70 80 90 100
```

続いて、全要素の逆方向の走査をコード 7-13 に示します。

コード 7-13 ［全要素の逆方向の走査］

```
int[] data = {10, 20, 30, 40, 50, 60, 70, 80, 90, 100};

for(int i = data.length - 1; i >= 0; i--) {
  print(data[i] + " ");
}
```

実行結果 7-8 （コンソール）

```
100 90 80 70 60 50 40 30 20 10
```

7.4.2　一部要素の走査

　配列の全要素ではなく、一部要素のみを走査する方法を確認します。たとえば、配列の前半だけを走査したい場合は、添字を制御する for 文において、継続条件を「i < data.length / 2」とします。具体例をコード 7-14 に示します。

コード 7-14 ［前半要素の走査］

```
int[] data = {10, 20, 30, 40, 50, 60, 70, 80, 90, 100};

for(int i = 0; i < data.length / 2; i++) {
  print(data[i] + " ");
}
```

実行結果 7-9 （コンソール）

```
10 20 30 40 50
```

　逆に、後半だけを走査する例をコード 7-15 に示します。

コード 7-15 ［後半要素の走査］

```
int[] data = {10, 20, 30, 40, 50, 60, 70, 80, 90, 100};

for(int i = data.length / 2; i < data.length; i++) {
  print(data[i] + " ");
}
```

実行結果 7-10 （コンソール）

```
60 70 80 90 100
```

　図 7-4 のように、配列の各要素を 1 つおきに走査する場合は、コード 7-16 のようにします。for 文の更新処理において、i を 1 ずつ増やすのではなく、2 つずつ増やしている点に注目してください。

コード 7-16 [1 つおきの走査]

```
int[] data = {10, 20, 30, 40, 50, 60, 70, 80, 90, 100};

for(int i = 0; i < data.length; i+=2) {
  print(data[i] + " ");
}
```

実行結果 7-11 （コンソール）

```
10 30 50 70 90
```

7.4.3　隣接要素の参照

　ここまでは、for 文で配列を走査する際、各ループにおいて同時に 1 つの要素しか参照していませんでした。しかし、各ループにおいて、同時に複数要素を参照したい場合もあります。たとえば、図 7-5 のように、配列内で隣接する各要素ペアを同時に参照したいシーンがこれに該当します。一例として、隣接する各要素ペアの和を求めるプログラムをコード 7-17 に示します。

コード 7-17 [隣接要素ペアの和]

```
int[] data = {10, 20, 30, 40, 50, 60, 70, 80, 90, 100};

for(int i = 0; i < data.length - 1; i++) {
  print(data[i] + data[i + 1] + " ");
}
```

実行結果 7-12 （コンソール）

```
30 50 70 90 110 130 150 170 190
```

7.4.4　要素の入れ替え

　配列を用いて順番に意味があるデータを行う場合、ある要素と他の要素を入れ替えたいことがあります。

　最初に、1 つの要素ペアだけを入れ替えるシーンを考えます。コード 7-18 は、data[0] と

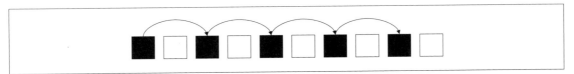

〔図 7-4〕1 つおきの走査のイメージ

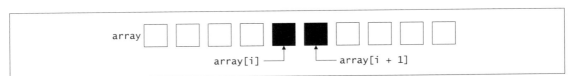

〔図 7-5〕隣接する要素ペアの同時参照のイメージ

data[1] を入れ替えようとするコードです。しかし、結果が意図どおりではありません。この理由は落ち着いて考えればお分かりでしょう。(1) で data[0] に代入されていた値（10）は、data[1] に代入されていた値（20）で上書きされます。このため、(2) で当初 data[0] に代入されていた 10 という値を data[1] に代入しようとしても、data[0] は既に 20 で上書きされているので、data[1] にも 20 が代入されてしまうのです。

コード 7-18［要素の入れ替え（不適切なコード）］

```
int[] data = {10, 20, 30, 40, 50, 60, 70, 80, 90, 100};

data[0] = data[1]; // (1)
data[1] = data[0]; // (2)

for(int i = 0; i < data.length; i++) {
  print(data[i] + " ");
}
```

実行結果 7-13（コンソール）

```
20 20 30 40 50 60 70 80 90 100
```

この問題を回避するには、一時的に値を退避させておくバッファ変数を用いるとよいでしょう。コード 7-19 では、当初 data[0] に代入されていた値（10）を、buffer というバッファ変数に退避させることで、data[0] と data[1] の入れ替えを実現しています。

コード 7-19［要素の入れ替え］

```
int[] data = {10, 20, 30, 40, 50, 60, 70, 80, 90, 100};
int buffer;

// data[0] と data[1] の入れ替え
buffer = data[0];
data[0] = data[1];
data[1] = buffer;

for(int i = 0; i < data.length; i++) {
  print(data[i] + " ");
}
```

実行結果 7-14（コンソール）

```
20 10 30 40 50 60 70 80 90 100
```

　上記の入れ替えのテクニックを用いると、配列の要素順を反転させることもできます。具体的には、図 7-6 のように、配列の先頭から数えた位置と、末尾から数えた位置が同じ要素同士をすべて入れ替えると、配列の要素順の反転が実現できます。この図の処理を実装したものをコード 7-20 に示します。

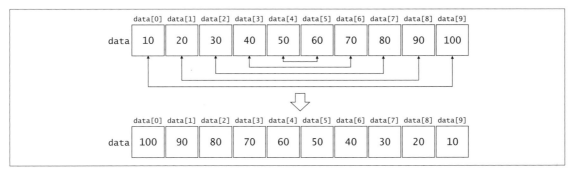

〔図 7-6〕配列の要素順反転のイメージ

コード 7-20［要素順の反転］

```
int[] data = {10, 20, 30, 40, 50, 60, 70, 80, 90, 100};
int buffer;

// 配列の前半・後半の対称位置にある要素同士を入れ替える
for(int i = 0; i < data.length / 2; i++) {
  buffer = data[i];
  data[i] = data[data.length - 1 - i];
  data[data.length - 1 - i] = buffer;
}

for(int i = 0; i < data.length; i++) {
  print(data[i] + " ");
}
```

実行結果 7-15（コンソール）

```
100 90 80 70 60 50 40 30 20 10
```

7.4.5　要素の挿入

　配列で順番に意味があるデータを扱う場合、新しい要素を挿入したいこともよくあります。ここでは簡単のため、配列の末尾か、先頭に新しい要素を挿入するシーンを説明します。新しい要素を配列の末尾／先頭に挿入するためには、図 7-7 のように既存の要素を前／後ろにずらす必要があります。その際、配列は長さが決まっているので [22]、配列の先頭／末尾の要素は配列に収まらず、削除されることになります。

　まず、配列の末尾に新しい要素を挿入する例をコード 7-21 に示します。1 つ目の for 文で配列の各要素を 1 つずつ前にずらす（data[i] を data[i + 1] で上書きする）処理をした上で、配列末尾に新しい要素を代入しています。

---

[22] Processing では expand() を用いて配列の長さを変えることもできますが、これは本書では扱いません。

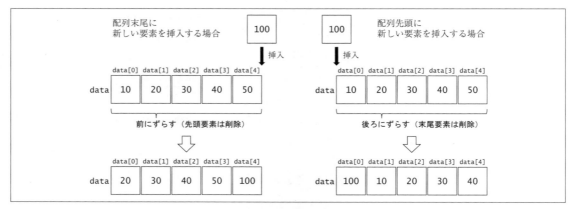

〔図7-7〕配列の末尾／先頭への要素挿入のイメージ

コード7-21［末尾への要素の挿入］

```
int[] data = {10, 20, 30, 40, 50};
int newData = 100;

// 各要素を1つずつ前にずらす
for(int i = 0; i < data.length - 1; i++) {
  data[i] = data[i + 1];
}

// 末尾要素に新しいデータを代入
data[data.length - 1] = newData;

for(int i = 0; i < data.length; i++) {
  print(data[i] + " ");
}
```

実行結果7-16（コンソール）

```
20 30 40 50 100
```

　次に、配列の先頭に新しい要素を挿入する例をコード7-22に示します。1つ目のfor文で配列の各要素を1つずつ後ろにずらす（data[i]をdata[i - 1]で上書きする）処理をした上で、配列先頭に新しい要素を代入しています。

コード7-22［先頭への要素の挿入］

```
int[] data = {10, 20, 30, 40, 50};
int newData = 100;

// 各要素を1つずつ後ろにずらす
for(int i = data.length - 1; i > 0; i--) {
  data[i] = data[i - 1];
}
```

```
// 先頭要素に新しいデータを代入
data[0] = newData;

for(int i = 0; i < data.length; i++) {
  print(data[i] + " ");
}
```

実行結果 7-17（コンソール）

```
100 10 20 30 40
```

7.5　配列の応用的な利用例
7.5.1　特定データの検索

　配列内から、特定の値を持つデータを発見したい場合があります。これは一般に検索と呼ばれる問題です。検索を実現するシンプルな方法として、線形探索が挙げられます。これは図7-8のように、配列などの先頭から順番に、目的のデータと各要素を比較する作業を繰り返して、目的のデータを発見する方法です。

　配列内で、特定のデータが最初に登場する位置（添字）を求めるプログラムをコード7-23に示します。走査する添字の範囲を事前に決められないので、while文を用いている点に注意してください。

コード 7-23［特定データの検索 1］

```
int[] data = {10, 20, 30, 40, 50, 60, 40, 50, 50, 60};
int target = 40;
int i = 0;

while(i < data.length && data[i] != target) {
  i++;
}

if(i < data.length) {
  println(i);
} else {
  println("Not found.");
}
```

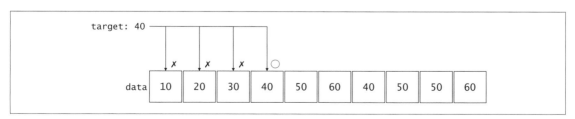

〔図 7-8〕特定データの検索のイメージ

```
3
```

　一方、配列内で、特定のデータが登場する回数を数えるプログラムはコード 7-24 のように
なります。この場合は、走査する範囲は配列全体なので、for 文を用いる方がよいでしょう。

コード 7-24［特定データの検索 2］

```
int[] data = {10, 20, 30, 40, 50, 60, 40, 50, 50, 60};
int target = 40;
int count = 0;

for(int i = 0; i < data.length; i++) {
  if(data[i] == target) {
    count++;
  }
}

println(count);
```

```
2
```

7.5.2　統計量の計算

　配列内のデータに対して、各種統計量を計算したい場合があります。Processing には max()
や min() など、各種統計量を算出してくれる構文が用意されていますが、ここでは配列制御の
基礎を習得するため、自作のアルゴリズムで計算してみましょう。
　float 型配列内のデータの最小値、最大値、平均値を算出するプログラムをコード 7-25 に示します。
このコードでは、最小値 min、最大値 max の初期化の方法に気をつけてください。たとえば、min
を 0 で初期化してしまうと、data 内に 0 以下の要素が無い場合は、最小値が 0 という誤った結果
になってしまいます。同様に、max を 0 で初期化してしまうと、data 内に 0 以上の要素が無い場
合は、最大値が 0 という誤った結果になります。ここでは、次のコードのように、min・max はそ
れぞれ最小値・最大値になる可能性がある値、たとえば data[0] で初期化するのがよいでしょう。

コード 7-25［統計量の計算］

```
float[] data = {1.23, -2.34, 3.45, -4.56, 5.67, -6.78, 7.89};

// 最小値 min、最大値 max、バッファ変数 sum を初期化
float min = data[0];
float max = data[0];
float sum = 0;

for(int i = 0; i < data.length; i++) {
  // 新たな最小値候補を見つけたら min に代入
```

```
  if(data[i] < min) {
    min = data[i];
  }
  // 新たな最大値候補を見つけたら max に代入
  if(data[i] > max) {
    max = data[i];
  }
  // バッファ変数 sum に data[i] を足し込む
  sum += data[i];
}

println("min : " + min);
println("max : " + max);
// バッファ変数 sum をデータ数で割って平均値を算出
println("mean: " + sum / data.length);
```

実行結果 7-20（コンソール）

```
min : -6.78
max : 7.89
mean: 0.6514286
```

7.5.3　未定範囲の走査

　配列を走査する際、事前に走査する範囲が決まっていることも多いですが、そうでないこともあります。たとえば、エレベータに乗るのを待っている人達の体重に基づいて、エレベータに何人乗れるか判定するシーンを考えてみましょう。各人の体重データが配列 weights、エレベータの最大積載量が limit で与えられているとします。weights[0] から weights[j] までの和を total とするとき、エレベータに乗れる最大人数を求めるためには、limit 未満で total を最大化する j を求めればよいです（最大人数は j + 1）。このアルゴリズムを実装したものをコード7-26 に示します。事前にどこまで配列を走査すればよいか不明であるため、while 文を用いて走査している点に注目してください。

コード 7-26［未定範囲の走査］

```
float[] weights = new float[30];
float limit = 500.0;
float total = 0.0;
int j;

// 体重の疑似データを作成
for(int i = 0; i < weights.length; i++) {
  weights[i] = random(40, 80);
}

// 体重の合計が、limit 未満でできるだけ大きくなるようにする
j = 0;
while(j < weights.length && total + weights[j] < limit) {
  total += weights[j];
```

```
    j++;
}

// while 文の最後のループ実行時に j がインクリメントされているので
// 次の j には求めたい最大人数の値が代入されている
println(j + " people");
```

実行結果 7-21（コンソール）

```
7 people
```

7.5.4　複数配列の同時制御

　要素数が同じであることが分かっている場合、1つの添字で複数の配列を同時に制御することができます。たとえば、配列 prices と配列 counts にそれぞれ、価格と購入数が商品種別順に代入されているシーンを考えます。この場合、商品の合計代金はコード7-27のようにして求められます。for文内で、1つの添字 i を用いて prices と counts の両方の要素を参照している点に注目してください。

コード 7-27 ［複数配列の同時制御］

```
int[] prices = {100, 200, 300};
int[] counts = {30, 40, 50};
int total = 0;

for(int i = 0; i < prices.length; i++) {
  total += prices[i] * counts[i];
}

println(total + " yen");
```

実行結果 7-22（コンソール）

```
26000 yen
```

7.5.5　基本型以外のデータ管理

　int型やfloat型といった基本型に限らず、color型などの任意の型の配列を利用することもできます。たとえば、大量の円の塗り色を配列 colors で管理する例をコード7-28に示します。

コード 7-28 ［color 型配列を用いる例］

```
size(800, 600);

int count = 100;
int dia = 50;
int[] xs = new int[count];
int[] ys = new int[count];
color[] colors = new color[count];
```

```
// 各円の座標、塗り色をランダムに決定
for(int i = 0; i < count; i++) {
  xs[i] = int(random(width));
  ys[i] = int(random(height));
  colors[i] = color(random(255), random(255), random(255));
}

// 各円を指定の塗り色、座標で描画
for(int i = 0; i < count; i++) {
  fill(colors[i]);
  ellipse(xs[i], ys[i], dia, dia);
}
```

実行結果 7-23（Window、実際にはカラー画像）

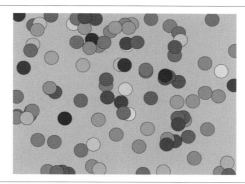

7．6　本章のまとめ

配列変数の宣言・代入・参照
- 配列とは、複数の要素の集合を表現するデータ構造であり、集合内の各要素を添字で区別する。
- 配列変数を宣言する際、宣言のみを行う方法と、宣言と初期化を同時に行う方法がある。
- 配列内の添字で指定した対象に、代入・参照を行える。
- .length で配列の要素数を取得できる。

配列の走査
- 配列などの集合を表すデータ構造の各要素に、連続的にアクセスすること。
- 繰り返しを用いて実現する。

7．7　演習問題

問 1. String 型で要素数 3 の配列 staff を宣言した後、全要素を任意の人名で初期化し、staff の先頭要素をコンソール上に出力せよ。

問 2.　int 型の配列 data を宣言すると同時に {10, 20, 30, 40, 50, 60, 70, 80, 90, 100} で初期化し、(1)data の先頭要素、(2)data の末尾要素、(3)data の中で添字が 4 のものと 5 のものの和を、コンソール上に出力せよ。

問 3.　float 型で要素数 100 の配列 weights を宣言した後、全要素を 40 以上 60 未満の実数で初期化し、全要素の平均値をコンソール上に出力せよ。

問 4.　int 型で要素数 100 の配列 data を宣言した後、data の各要素を先頭から 0、1、2、・・・、98、99 のように初期化し、全要素を半角スペース区切りでコンソール上に出力せよ。

問 5.　int 型で要素数 100 の配列 data を宣言し、各要素を任意の値で初期化した後、配列内の要素を先頭から 2 つおきに半角スペース区切りでコンソール上に出力せよ。具体的には、data[0]、data[3]、data[6]、・・・の各要素を半角スペース区切りで出力することになる。

問 6.　int 型の配列 data を宣言すると同時に {10, 20, 30, 40, 50, 60, 70, 80, 90, 100} で初期化し、先頭から順番に隣接 3 要素の和を半角スペース区切りでコンソール上に出力せよ。具体的には、60 (10 + 20 + 30)、90 (20 + 30 + 40)、といったように先頭から 3 要素ずつの和を求めていき、最終的にコンソール上には「60 90 120 150 180 210 240 270」と出力することになる。

問 7.　int 型の配列 data を宣言すると同時に {10, 20, 30, 40, 50, 60, 70, 80, 90} で初期化し、配列の要素順を前後反転させた後、配列の全要素を先頭から順に半角スペース区切りでコンソール上に表示せよ。本問では配列の要素数は奇数であるが、要素数が偶数であるコード 7-20 との違いの有無を意識すること。

問 8.　int 型の配列 data を宣言すると同時に {10, 20, 30, 40, 50, 60, 70, 80, 90, 100} で初期化した後で、配列の中央に 1000 を挿入し、配列の全要素を先頭から順に半角スペース区切りでコンソール上に表示せよ。挿入時には、配列の前半の各要素が 1 つずつ前にずれ、先頭要素は配列から削除される挙動となるようにすること。要素数が偶数であることを前提にしてよい。正しい出力は「20 30 40 50 1000 60 70 80 90 100」となる。

問 9.　int 型で要素数 100 の配列 data を宣言した後、全要素を 0 以上 10 未満の整数で初期化せよ。その後、配列内に 3 がいくつ含まれているかコンソール上に表示せよ。

問 10.　int 型で要素数 100 の配列 progs、maths、engls を宣言した後、各配列の全要素を 50 以上 100 未満の整数で初期化せよ。これは、学籍番号 i（i は 0 以上 100 未満の整数）の学生のプログラミング、数学、英語の成績がそれぞれ、progs[i]、maths[i]、enlgs[i] に代入されている状態であるとする。このとき、3 教科の合計得点が最高となる学生を求め、学籍番号と合計得点をコンソール上に出力せよ。

8

アニメーション

8.1 本章の概要

　本章ではアニメーションやインタラクティブアプリケーションについて学びます。見た目に楽しいこれらの挙動を簡単なコードで実現できるのは、Processing の最大の特徴といえるでしょう。ただし、本書の冒頭で述べたとおり、本書はプログラミングの基礎の修得を目指すものであり、Processing独自のアニメーションテクニックの修得を狙うものではありません。そこで、本章ではアニメーションなどを題材にしながら、条件分岐・繰り返し・配列といったプログラミングの基礎の定着を目指します。

8.2 アニメーションの原理

　ご存じのとおり、アニメーションは複数の静止画を連続して表示することで、あたかも描画対象が動いているかのように見せる技法です。この概念を図 8-1 に示します。

　この概念を実現するポイントは次の 2 つです。1 つ目は、**静止画をすばやく切り替えて表示する**ことです。パラパラ漫画を想像すると分かりやすいと思いますが、静止画を切り替える速度が遅いとアニメーションには見えません。すばやく切り替えることで、まるで描画対象が動いているように見えるのです。2 つ目は、**描画対象を少しずつ動かす**ことです。当然ですが、各静止画で描画対象が同じ位置にあっては、それはまったく動いているようには見えません。各静止画で描画対象の位置を少しずつ変えることで、まるで描画対象が動いているように見えるのです。次章では、これを実現する具体的な方法を確認します。

8.3 単純なアニメーション

8.3.1 Static モードと Active モード

　Processing には、**Static モード**と **Active モード**という 2 つのモードがあります。8 章までのプログラムはすべて Static モードで書かれているのでみなさんは既に理解していますが、Active モードはここで初めて登場します。各モードにはそれぞれ、次のような特徴があります。

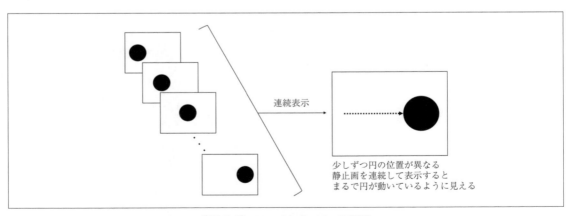

連続表示

少しずつ円の位置が異なる
静止画を連続して表示すると
まるで円が動いているように見える

〔図 8-1〕アニメーションの原理

- Static モード
  - setup()、draw() を用いない。
  - 処理は 1 回だけ実行される。
- Active モード
  - setup()、draw() を用いる。
  - 処理は手動終了するまで永遠に繰り返される。

8.3.2　Active モードの構文・挙動

　Active モードは、setup()、draw() という、Static モードには無い独自の構文があります[23]。setup() はその名のとおり、プログラムで行う処理の準備を行う役割を担っています。具体的には、setup() に続く波括弧中のコードが、プログラム実行直後に 1 回だけ実行されます。たとえば、size() の呼び出しや、各変数の初期化などを行います。ここで注意すべきは、Active モードの場合は size() は setup() の中にしか記載できないということです。draw() は、プログラムの実行を手動停止するまで、ある処理を永遠に繰り返し続ける役割を担っています。具体的には、setup() 内の処理が終わったあとで、draw() に続く波括弧内のコードが繰り返し実行されます。すなわち、**無限ループ**の状態です。setup()、draw() の実行の流れを図 8-2 に示します。

　それでは、Active モードの具体例を確認しましょう。なお、Active モードのプログラムは、手動で停止しなければ終了しませんので注意してください。停止するには、図 8-3 に示すように、停止ボタンを押すか、Window を閉じてください。

　まず、同じ数字をコンソール上に出力し続けるプログラムをコード 8-1 に示します。setup() では、Window のサイズを縦横 100 に指定しています。一方、draw() の中には i の値をコンソール上に出力する処理を記載しています。このプログラムを実行すると、実行結果 8-1 のようにものすごい勢いで 0 がコンソール上に出力され続けます。これは、上述のとおり draw() 内の処理が繰り返されているためです[24]。

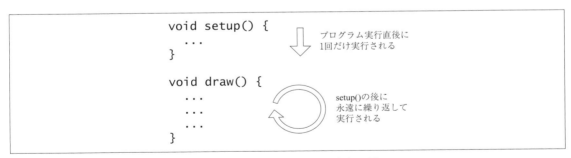

〔図 8-2〕setup()、draw() の実行の流れ

---

[23] 本来は関数と呼ぶべきものですが、現時点では関数は説明していませんので構文と称することにします。
[24] 初期設定では draw() は毎秒 60 回実行されます。ただし、PC の処理能力などの影響で、実際の 1 秒あたりの実行回数は少なくなることがあります。

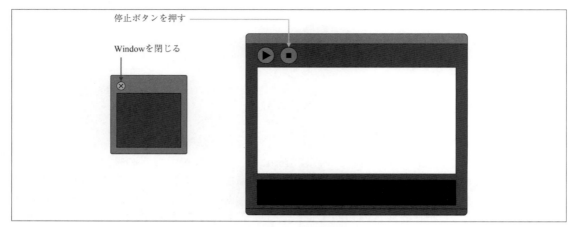

停止ボタンを押す

Windowを閉じる

〔図8-3〕Active モードの終了方法

コード8-1［同じ数字を出力し続けるプログラム］

```
int i = 0;

void setup() {
  size(100, 100);
}

void draw() {
  print(i + " ");
}
```

実行結果8-1（コンソール）

```
0 0 0 0 0 0 0 0 0 0 ...
```

　ためしに、コード8-2のように、draw() 内で i を1増やす処理を追加してみましょう。すると、draw() が実行されるたびに i の値が1増えて、実行結果8-2のような結果が得られます。

コード8-2［1ずつ増える数字を出力し続けるプログラム］

```
int i = 0;

void setup() {
  size(100, 100);
}

void draw() {
  print(i + " ");
  i++;
}
```

```
0 1 2 3 4 5 6 7 8 9 ...
```

8.3.3　単純な移動アニメーション

　いよいよアニメーションの実現です。まずは、コード 8-3 のように Window の中心にボール
に見立てた円を描画してみましょう。これを実行すると、人の目には動かないボールの静止画
が表示されているだけですが、実際には draw() により同じ静止画が繰り返し表示し続けられ
ている状態です。なお、ここでは x、y の初期化を setup() 内で行っている点に注意してください。
これは、上述のとおり size() は setup() 内に書く必要があり、size() 実行後でないと width や
height に Window の幅・高さが代入されないためです。

コード 8-3［静止するボールを表示するプログラム］

```
int x;       // ボールの中心 x 座標
int y;       // ボールの中心 y 座標
int d = 50;  // ボールの直径

void setup() {
  size(800, 600);
  x = width / 2;
  y = height / 2;
}

void draw() {
  ellipse(x, y, d, d);
}
```

実行結果 8-3（Window）

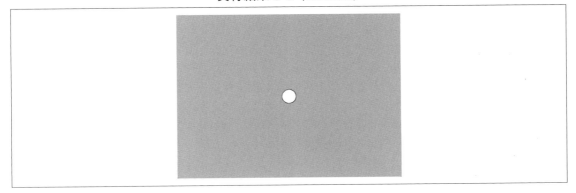

　次に、コード 8-4 のように、draw() 内で x を xStep だけ増やす処理を追加してみましょう。
これは、ボールの座標を右に xStep だけ移動させることを意味します。これにより、実行結果
8-4 のように、円が残像を残しながら右に移動するようなアニメーションが実現できます。

コード 8-4 [残像を残しながら移動するボールを表示するプログラム]

```
int x;         // ボールの中心 x 座標
int y;         // ボールの中心 y 座標
int d = 50;  // ボールの直径

int xStep = 5; // ボールの x 方向の移動量

void setup() {
  size(800, 600);
  x = width / 2;
  y = height / 2;
}

void draw() {
  ellipse(x, y, d, d);
  x += xStep;
}
```

実行結果 8-4 (Window)

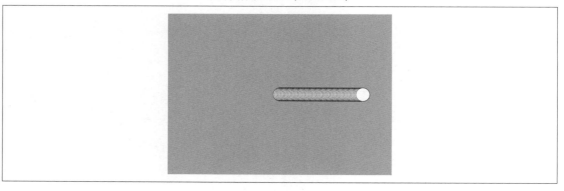

　先ほどのコードで、ボールの残像が残る理由はお分かりでしょう。古い静止画の上から、ボールの位置を少しずらした静止画を重ねているだけなので、古い静止画のボールが見えてしまうのです。すると、残像を消すためには、古い静止画を**背景色で塗りつぶして**から新しい静止画を描けばよいことにも気付くでしょう。このアイデアを実現したものがコード 8-5 です。draw() 内の冒頭で毎回 background() を実行して背景色で Window を塗りつぶすことで、ボールが残像を残さず移動するアニメーションが実現できます。

コード 8-5 [移動するボールを表示するプログラム]

```
int x;        // ボールの中心 x 座標
int y;        // ボールの中心 y 座標
int d = 50;  // ボールの直径

int xStep = 5;  // ボールの x 方向の移動量

color bgCol = color(0, 0, 0);  // 背景色

void setup() {
  size(800, 600);
  x = width / 2;
  y = height / 2;
}

void draw() {
  background(bgCol);
  ellipse(x, y, d, d);
  x += xStep;
}
```

実行結果 8-5（Window、矢印は表示されない）

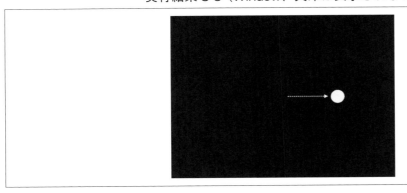

8.3.4　条件分岐を行うアニメーション

　条件分岐の概念を導入することで、より豊かなアニメーションを実現できます。その一例として、本項では Window 内でボールが跳ね返る挙動を実現してみましょう。

　前項のコード 8-5 では、ボールは Window の右端に到達しても止まることなく、Window の外側に進んでしまいました。そこで、ボールが Window の右端に到達したら、進行方向を反転させるようにしてみましょう。ボールが Window の右端に到達したことは、ボールの中心 x 座標と Window 右端の x 座標（width）を比較すれば判定できます。進行方向の反転は、ボールの x 方向の移動量（xStep）の符号を反転させれば実現できます。これらをプログラムに反映したものをコード 8-6 に示します。このコードを実行すると、ボールが Window 右端で跳ね返る挙動が確認できるでしょう。

コード 8-6 ［ボールが右端で跳ね返るプログラム］

```
int x;        // ボールの中心 x 座標
int y;        // ボールの中心 y 座標
int d = 50;  // ボールの直径

int xStep = 5;  // ボールの x 方向の移動量

color bgCol = color(0, 0, 0);  // 背景色

void setup() {
  size(800, 600);
  x = width / 2;
  y = height / 2;
}

void draw() {
  background(bgCol);
  ellipse(x, y, d, d);

  if(x > width) {
    xStep *= -1;
  }

  x += xStep;
}
```

　ボールが Window の左端でも跳ね返るようにしたものをコード 8-7 に示します。if 文の条件式に「x < 0」が追加されていることに注目してください。

コード 8-7 ［ボールが左右端で跳ね返るプログラム］

```
int x;        // ボールの中心 x 座標
int y;        // ボールの中心 y 座標
int d = 50;  // ボールの直径

int xStep = 5;  // ボールの x 方向の移動量

color bgCol = color(0, 0, 0);  // 背景色

void setup() {
  size(800, 600);
  x = width / 2;
  y = height / 2;
}

void draw() {
  background(bgCol);
  ellipse(x, y, d, d);

  if(x < 0 || x > width) {
    xStep *= -1;
  }
```

```
  x += xStep;
}
```

さらに発展させて、ボールを Window の上下左右の端で跳ね返るようにしたものをコード 8-8 に示します。ボールの y 軸方向の移動処理や、上下端への到達判定処理を追加している点に注目してください。

コード 8-8 [ボールが上下左右端で跳ね返るプログラム]

```
int x;        // ボールの中心 x 座標
int y;        // ボールの中心 y 座標
int d = 50;   // ボールの直径

int xStep = 5; // ボールの x 方向の移動量
int yStep = 5; // ボールの y 方向の移動量

color bgCol = color(0, 0, 0); // 背景色

void setup() {
  size(800, 600);
  x = width / 2;
  y = height / 2;
}

void draw() {
  background(bgCol);
  ellipse(x, y, d, d);

  if(x < 0 || x > width) {
    xStep *= -1;
  }
  if(y < 0 || y > height) {
    yStep *= -1;
  }

  x += xStep;
  y += yStep;
}
```

実行結果 8-6（Window、矢印は表示されない）

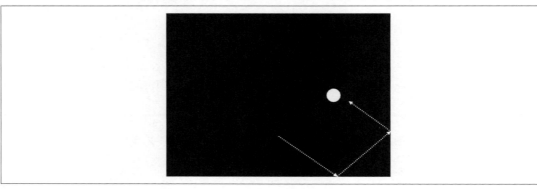

8.3.5　配列を用いたアニメーション

　ここまでのアニメーションは、1つの対象を動かすものにとどまっていました。ここに配列を導入することで、大量の対象を動かすアニメーションが実現できます。

　まず、前項のコード 8-8 をベースにして、ボールの数を 30 個にすることを考えます。ボールの数が多いので、各ボールの中心 x 座標、中心 y 座標、x 方向の移動量、y 方向の移動量を配列で管理することにします。これらの初期値は乱数を用いて決定することにします。これらをプログラムに反映したものをコード 8-9 に示します。随所で、7.5.4 項で説明した複数配列の同時制御を用いている点に注目してください。

コード 8-9［大量のボールが上下左右端で跳ね返るプログラム 1］

```
int count = 30; // ボールの数

int[] xs = new int[count]; // 各ボールの中心 x 座標
int[] ys = new int[count]; // 各ボールの中心 y 座標
int d = 50;                // ボールの直径（全ボール共通）

int[] xSteps = new int[count]; // 各ボールの x 方向の移動量
int[] ySteps = new int[count]; // 各ボールの y 方向の移動量

color bgCol = color(0, 0, 0); // 背景色

void setup() {
  size(800, 600);

  for(int i = 0; i < count; i++) {
    xs[i] = int(random(width));
    ys[i] = int(random(height));
    xSteps[i] = 5;
    ySteps[i] = 5;
  }
}
```

```
void draw() {
  background(bgCol);

  for(int i = 0; i < count; i++) {
    ellipse(xs[i], ys[i], d, d);

    if(xs[i] < 0 || xs[i] > width) {
      xSteps[i] *= -1;
    }
    if(ys[i] < 0 || ys[i] > height) {
      ySteps[i] *= -1;
    }

    xs[i] += xSteps[i];
    ys[i] += ySteps[i];
  }
}
```

実行結果 8-7（Window）

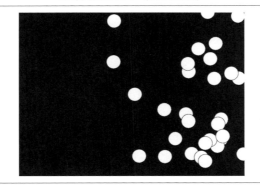

　先ほどのコードは、大量のボールが跳ね返るアニメーションを実現していますが、ずっと眺めているとどこか単調な印象があることに気付くでしょう。それは、各ボールの x 軸・y 軸方向の移動量がまったく同じであるためでしょう。そこで、各ボールの移動量も乱数によって決定したものがコード 8-10 になります。

コード 8-10［大量のボールが上下左右端で跳ね返るプログラム 2］

```
int count = 30; // ボールの数

int[] xs = new int[count]; // 各ボールの中心 x 座標
int[] ys = new int[count]; // 各ボールの中心 y 座標
int d = 50;                // ボールの直径（全ボール共通）

int[] xSteps = new int[count]; // 各ボールの x 方向の移動量
int[] ySteps = new int[count]; // 各ボールの y 方向の移動量
```

```
color bgCol = color(0, 0, 0); // 背景色

void setup() {
  size(800, 600);

  for(int i = 0; i < count; i++) {
    xs[i] = int(random(width));
    ys[i] = int(random(height));
    xSteps[i] = int(random(3, 10));
    ySteps[i] = int(random(3, 10));
  }
}

void draw() {
  background(bgCol);

  for(int i = 0; i < count; i++) {
    ellipse(xs[i], ys[i], d, d);

    if(xs[i] < 0 || xs[i] > width) {
      xSteps[i] *= -1;
    }
    if(ys[i] < 0 || ys[i] > height) {
      ySteps[i] *= -1;
    }

    xs[i] += xSteps[i];
    ys[i] += ySteps[i];
  }
}
```

　最後に、より見栄えをよくするため、各ボールにランダムな色をつけてみましょう。ボールの塗り色を管理する color 型配列を導入したプログラムをコード 8-11 に示します。

コード 8-11［大量のボールが上下左右端で跳ね返るプログラム 3］

```
int count = 30; // ボールの数

int[] xs = new int[count]; // 各ボールの中心 x 座標
int[] ys = new int[count]; // 各ボールの中心 y 座標
int d = 50;                // ボールの直径（全ボール共通）

int[] xSteps = new int[count]; // 各ボールの x 方向の移動量
int[] ySteps = new int[count]; // 各ボールの y 方向の移動量

color[] ballCols = new color[count]; // 各ボールの塗り色
color bgCol = color(0, 0, 0);        // 背景色

void setup() {
  size(800, 600);

  for(int i = 0; i < count; i++) {
    xs[i] = int(random(width));
```

```
      ys[i] = int(random(height));
      xSteps[i] = int(random(3, 10));
      ySteps[i] = int(random(3, 10));
      ballCols[i] = color(random(255), random(255), random(255));
  }
}

void draw() {
  background(bgCol);

  for(int i = 0; i < count; i++) {
    fill(ballCols[i]);
    ellipse(xs[i], ys[i], d, d);

    if(xs[i] < 0 || xs[i] > width) {
      xSteps[i] *= -1;
    }
    if(ys[i] < 0 || ys[i] > height) {
      ySteps[i] *= -1;
    }

    xs[i] += xSteps[i];
    ys[i] += ySteps[i];
  }
}
```

実行結果 8-8（Window、実際にはカラー画像）

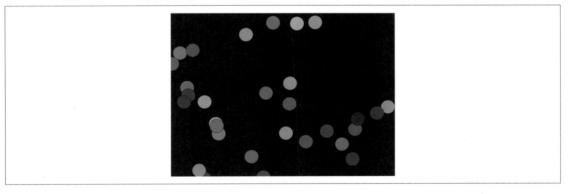

8.4　インタラクティブアニメーション

　本節ではインタラクティブアニメーションを実現します。インタラクティブとは対話的という意味であり、ここではユーザの挙動に応じてプログラムが動きを変えることを意味します。一例として、図8-4のようにマウスポインタを乗せると色が変わる円を実現してみましょう。

　まず、マウスポインタの位置を取得する方法を確認します。Processing では次の書式で簡単にマウスポインタの位置を取得できます。

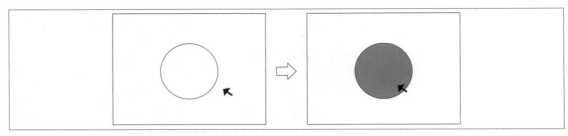

〔図 8-4〕作成するインタラクティブアニメーションの挙動

構文 8-1

```
mouseX
mouseY
```

mouseX はマウスポインタの x 座標、mouseY はマウスポインタの y 座標を表す。

　マウスポインタの位置をコンソール上に出力するプログラムをコード 8-12 に示します。Window 上でマウスポインタを動かして、挙動を確認してください。

コード 8-12［マウスポインタの位置をコンソール上に出力するプログラム］

```
void setup() {
  size(800, 600);
}

void draw() {
  println(mouseX, mouseY);
}
```

　次に、マウスポインタが円の上にあるか否か判定する方法を考えます。マウスポインタが円の上にあるとは、マウスポインタと円の中心の距離が、円の半径未満（円周上を含めるなら、円の半径以下）であることを意味します。Processing では次の書式で 2 点間の距離を取得できます。

構文 8-2

```
dist(x1, y1, x2, y2)
```
(x1, y1) と (x2, y2) の距離を取得する。

　上記に基づいて、マウスポインタが円の上にある場合に円が赤くなり、それ以外の場合は円が黒くなる挙動を実現するプログラムをコード 8-13 に示します。

コード 8-13［マウスポインタが円の上にあると円が赤くなるプログラム］

```
int x; // 円の中心 x 座標
int y; // 円の中心 y 座標
int d; // 円の直径

color onCol = color(200, 0, 0); // マウスオン時の円の塗り色
color offCol = color(0, 0, 0);  // 上記以外の時の円の塗り色

void setup() {
  size(800, 800);
  x = width / 2;
  y = height / 2;
  d = height / 4;
}

void draw() {
  if(dist(mouseX, mouseY, x, y) < d / 2) {
    fill(onCol);
  } else {
    fill(offCol);
  }
  ellipse(x, y, d, d);
}
```

実行結果 8-9（Window、実際にはカラー画像）

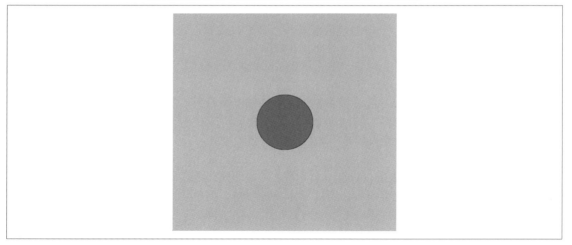

8.5　本章のまとめ

Processing のモード

- Static モードでは、setup()、draw() を用いず、処理は 1 回だけ行われる。
- Active モードでは、setup()、draw() を用い、処理は手動修了するまで永遠に繰り返される。

Processing による簡単なアニメーション
- Active モードを用いる。
- draw() 内で対象の描画位置を少しずつずらすことで、対象が移動しているようなアニメーションが実現できる。
- 条件分岐、繰り返し、配列を用いることで、アニメーション表現を豊かにできる。

Processing によるインタラクティブアニメーション
- Processing では容易にマウスポインタの座標を取得できる。
- マウスポインタ座標に応じて対話的に描画の挙動を変えるなどのアニメーションを実現できる。

8.6 演習問題

問 1. コード 8-7 では、Window 内の左右の端でボールが跳ね返る際にボールの半分程度が Window の外にはみ出している（Window の端を壁に見立てるなら、ボールが壁にめり込んでいる）。これを改良し、ボールが跳ね返る際にもボール全体が Window 内に収まっているようにせよ。

問 2. コード 8-8 では、Window 内の上下左右の端でボールが跳ね返る際にボールの半分程度が Window の外にはみ出している。これを改良し、ボールが跳ね返る際にもボール全体が Window 内に収まっているようにせよ。

問 3. Window 内に 2 つの円（それぞれ円 1、円 2 とする）を表示し、各円にマウスポインタが乗っているときだけ、その円の色が変わるようにせよ。たとえば、初期状態では円 1・円 2 とも灰色で、マウスポインタが円 1 に乗っているときは円 1 のみが赤くなり、円 2 に乗っているときは円 2 のみが赤くなる挙動である。

問 4. 30 個の白いボールが Window 内の上下左右の端で跳ね返るアニメーションにおいて、マウスポインタが乗っている円だけ赤くなる挙動を実現せよ。マウスポインタが離れた後は、その円の塗り色は元に戻るものとする。

問 5. 30 個の白いボールが Window 内の上下左右の端で跳ね返るアニメーションにおいて、マウスポインタが 1 度でも乗った円は赤くなる挙動を実現せよ。マウスポインタが離れた後も、その円の塗り色は赤いままであるとする。

問 6. 30 個の白いボールが Window 内の上下左右の端で跳ね返るアニメーションにおいて、壁で 1 度でも跳ね返った円は赤くなる挙動を実現せよ。跳ね返った後も、その円の塗り色は赤いままであるとする。

問 7. 30 個の白いボールが Window 内の上下左右の端で跳ね返るアニメーションにおいて、壁で 3 度跳ね返った円は赤くなる挙動を実現せよ。3 度跳ね返った後も、その円の塗り色は赤いままであるとする。

第2部：
関数を用いる
プログラミング

9

関数入門

9.1　本章の概要

本章では、ある程度の長さのプログラムを書く際に必須ともいえる**関数**について、入門レベルの内容を学びます。まず、関数の概念を確認し、関数の入出力である引数・返り値について説明します。続いて、引数・返り値の有無に応じた関数の書式を、実例をまじえながら説明します。関数を扱う際の重要概念である、変数のスコープについても説明します。

9.2　関数の基礎知識

9.2.1　関数とは

プログラミングにおける関数とは、与えられた入力に対して、何らかの処理を行い、出力を返却する仕組みのことです。入力を**引数**（ひきすう）、出力を**返り値**と呼びます。この概念を図 9-1 に示します。

続いて、関数の引数、処理、返り値の例を図 9-2 に示します。図中の左の例のように単純な処理を行う関数を作ることもあれば、右の例のように複雑な処理を行う関数を作ることもあります。

9.2.2　関数の必要性

ここまでに扱ってきたプログラムは、数十行から 100 行程度の比較的短いものばかりでした。そのため、関数を用いなくても [25]、さほど苦労せずにコードを書いたり、読んだりできました。しかし、大学における卒業研究や、企業におけるシステム開発を行うためのプログラムは、数千から数万行に及ぶことが珍しくありません。関数を用いずにこのような長いコードを書くことは事実上不可能といってよいでしょう。

では、関数を用いずに長いコードを書くと、どのような問題があるのか具体的に確認しまし

〔図 9-1〕関数の概念

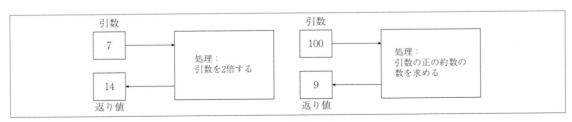

〔図 9-2〕関数の例

---

[25] 厳密には setup()、draw() も関数なので、これまでも関数は用いていました。ここでは、これら以外の自作関数を用いなくても、ということを意図しています。

ょう。この問題を痛感するために、まずは何も説明がない状態でコード 9-1 を理解しようとしてみてください。setup() 内の noLoop() は後述しますが、draw() の内容を繰り返さず 1 回だけ実行するための記述です。

コード 9-1［関数を用いないプログラム（不適切なコード）］

```
int budget = 1000;
int required = 10;

int applePrice = 100;
int lemonPrice = 80;
int grapePrice = 200;

int count;

void setup() {
  noLoop();
}

void draw() {
  print("Apple: ");
  count = budget / applePrice;
  if(count >= required) {
    println("You can buy enough fruits.");
  } else {
    println("You cannot buy enough fruits (" + count + ").");
  }
  print("Lemon: ");
  count = budget / lemonPrice;
  if(count >= required) {
    println("You can buy enough fruits.");
  } else {
    println("You cannot buy enough fruits (" + count + ").");
  }
  print("Grape: ");
  count = budget / grapePrice;
  if(count >= required) {
    println("You can buy enough fruits.");
  } else {
    println("You cannot buy enough fruits (" + count + ").");
  }
}
```

実行結果 9-1（コンソール）

```
Apple: You can buy enough fruits.
Lemon: You can buy enough fruits.
Grape: You cannot buy enough fruits (5).
```

注意深く読み込むと（注意深く読まないと分からないのですが）、このコードは 1000 円の予

算で何らかのフルーツを 10 個買うという要件があるシーンにおいて、どの果物なら要件を満たすか判定するものであることに気付くかと思います。しかし、このコードを読んだとき、多くの方々はコードの冗長さ、読みにくさに嫌気がさしたのではないでしょうか。まさに、この**冗長性**と**難読性**が関数を使わないコードの問題点なのです。アルゴリズムが冗長だと、似たようなことを何度も書く手間が増えますし、アルゴリズムの一部を修正したい場合はコードのあちこちを修正しなければなりません。コードが難読だと、どこかに埋もれているかもしれないバグを発見することが困難です。

それでは、関数を用いるとこれらの問題が解決されることをコード 9-2 で確認しましょう。なお、関数の書式はまだ説明していませんので、ここではコードのすべてを理解できる必要はありません。冗長性・難読性が解決されそうだ、ということを感じていただければ十分です。

コード 9-2 [関数を用いるプログラム]

```
int budget = 1000;
int required = 10;

int applePrice = 100;
int lemonPrice = 80;
int grapePrice = 200;

int count;

void setup() {
  noLoop();
}

void draw() {
  judge("Apple", applePrice);
  judge("Lemon", lemonPrice);
  judge("Grape", grapePrice);
}

void judge(String fruit, int price) {
  print(fruit + ": ");
  int count = budget / price;
  if(count >= required) {
    println("You can buy enough fruits.");
  } else {
    println("You cannot buy enough fruits (" + count + ").");
  }
}
```

実行結果 9-2 (コンソール)

```
Apple: You can buy enough fruits.
Lemon: You can buy enough fruits.
Grape: You cannot buy enough fruits (5).
```

９．２．３　関数呼び出し時の処理の流れ

1.2.2項で説明したとおり、プログラムは原則として上から下に向けて順番に処理を実行します。関数を用いたプログラムもこの原則から外れてはいないのですが、コード上では処理が行ったり来たりしているように見えます。この点を図9-3を見ながら確認しましょう。

図9-3は、draw()内から関数A、関数Bを呼び出すプログラムの模式図です。まず、draw()内では処理1、処理2を実行します。次に、draw()内から関数Aを呼び出します。すると、その次にプログラムは処理3を実行するのではなく、関数Aの中に定義されている処理A-1、処理A-2を実行します。関数A内の処理が終わると、処理の流れはdraw()内に戻って処理3を実行します。続いて、draw()内から関数Bを呼び出し、同様に処理B-1、処理B-2を実行します。最後に、処理の流れがdraw()内に戻って処理4を実行します。

９．２．４　関数作成時の注意

関数の具体的な説明を始める前に、Processingに固有の注意点を2つ説明します。

1つ目は、関数を用いるためには**Activeモードを使う必要がある**ということです。Staticモードでは関数を作成することができません。ActiveモードとStaticモードの詳細については8.3.1項を参照してください。

2つ目は、通常Activeモードでは draw() が無制限に繰り返されるところを、**noLoop() を使って draw() の実行回数を1回にする必要がある場合がある**ということです。

構文 9-1

`noLoop()`
draw() の実行回数を1回にする。

noLoop() を用いる理由を、コード9-3で確認しましょう。まだ関数の書式を説明していないので、このコードでは関数を呼び出すかわりに println() を実行して「Call funciton」とコンソール上に出力しています。このコードを実行すると、実行結果9-3のように「Call funciton」という出力が無制限に繰り返されてしまいます。

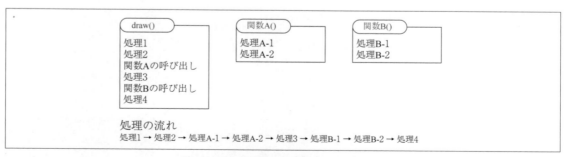

〔図9-3〕関数呼び出し時の処理の流れ

コード 9-3 [noLoop() を用いないプログラム]

```
void setup() {
}

void draw() {
  println("Call function");
}
```

実行結果 9-3 （コンソール）

```
Call function
Call function
Call function
...
```

一方、コード 9-4 のように setup() 内で noLoop() を実行すると、draw() の実行回数が 1 回になり、実行結果 9-4 のように「Call funciton」という出力は 1 回だけになることが分かります。

コード 9-4 [noLoop() を用いるプログラム]

```
void setup() {
  noLoop();
}

void draw() {
  println("Call function");
}
```

実行結果 9-4 （コンソール）

```
Call function
```

なお、関数を使いたい場合には必ず noLoop() を実行しなければいけないわけではないことに注意してください。関数を使って何らかの処理を 1 回だけ行いたい場合は noLoop() が必要でしょう。一方、アニメーションを実現したい場合は draw() を繰り返し実行する必要があるので、noLoop() を用いてはいけません。

9.3　引数・返り値がない関数
9.3.1　関数の定義方法

　本節では、引数も返り値もない関数を扱います。9.2.1 項では関数には引数・返り値があると説明しましたが、Processing を含む多くのプログラミング言語では、引数・返り値のどちらか一方、または両方がない関数を定義できます。

　引数・返り値がない関数を定義する書式を構文 9-2 に示します。

構文 9-2

```
void funcName() {
  statements
}
```

引数・返り値がなく、処理 statements を実行する関数 funcName() を定義する。

- void は、返り値がないことを表しています。
- funcName は関数名を表しています。関数名は、変数名と同様に lower camel case（3.3.1 項参照）で書く慣習があります。
- 関数名直後の () は、引数がないことを表しています。

引数・返り値がない関数の定義例をコード 9-5、コード 9-6 に示します。

コード 9-5［コンソール上に「Hello」と出力する処理を行う関数］

```
void printMessage() {
  println("Hello");
}
```

コード 9-6［Window 内に円を描画する処理を行う関数］

```
void drawEllipse() {
  ellipse(width / 2, height / 2, width / 4, width / 4);
}
```

なお、上記をふまえると、今まで使ってきた setup() や draw() も、引数・返り値がない関数であることに気付くはずです。これらは、Processing プログラム実行時に自動的に呼び出される関数だったのです。

9.3.2　関数の呼び出し方法

引数・返り値がない関数を呼び出すには、関数名の後ろに () を付けたものを文中に記載します。関数の呼び出し位置と定義位置の前後関係に制約はありません[26]。次のコードで具体例を確認しましょう。コード 9-7 では、コンソール上に「Hello」と出力する処理を行う関数 printMessage() を、draw() 内部から呼び出しています。コード 9-8 では、Window 内に円を描画する処理を行う関数 drawEllipse() を、draw() 内部から呼び出しています。

---

[26] プログラミング言語によっては、関数を呼び出すよりも前の位置で関数を定義しなければいけないことがあります。

```
void setup() {
  noLoop();
}

void draw() {
  printMessage();
}

void printMessage() {
  println("Hello");
}
```

実行結果 9-5（コンソール）

```
Hello
```

コード 9-8 [引数・返り値がない関数の呼び出し例 2]

```
void setup() {
  size(800, 600);
  noLoop();
}

void draw() {
  drawEllipse();
}

void drawEllipse() {
  ellipse(width / 2, height / 2, width / 4, width / 4);
}
```

実行結果 9-6（Window）

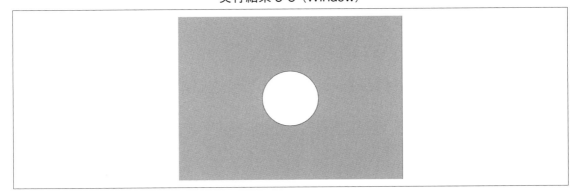

9.4 引数があり、返り値がない関数

9.4.1 引数の必要性

前節で、引数も返り値もない関数を導入しました。本節では引数がある関数を扱いますが、その前に引数の必要性を確認します。

コード 9-5 では、コンソール上に「Hello」と出力する関数 printMessage() を実装しました。この関数には文法的な誤りはないのですが、挙動が固定的であるという問題があります。たとえば、この関数は、「Hello」と 3 回出力したい場合や 10 回出力したい場合には対応できません。あるいは、「Good morning」のように他の文字列を出力することもできません。

このような固定的な関数の挙動を、柔軟に変化させる手段が**引数**です。引数とは、図 9-1 に示すとおり、関数が行う処理に対する入力のことです。たとえば、printMessage() を改造して、引数として与えた数字の回数だけ「Hello」と出力するようにしたり、引数として与えた文字列を出力するようにしたりすることで、この関数の柔軟性が高まり、多くのシーンで再利用できるものになります。次項から、引数の使い方を具体的に説明していきます。

9.4.2 関数の定義方法

Processing では、関数に 1 つ以上の引数を指定できます。まず、引数が 1 つあり、返り値がない関数を定義する書式を構文 9-3 に示します。

構文 9-3

```
void funcName(type param) {
  statements
}
```

引数が type 型の param で、返り値がなく、処理 statements を実行する関数 funcName() を定義する。

- void は、返り値がないことを表しています。
- funcName は関数名を表しています。
- type は引数のデータの種類（型）を表しています。
- param は引数の名前を表しています。

引数が 1 つあり、返り値がない関数の定義例をコード 9-9、コード 9-10 に示します。

コード 9-9 ［指定文字列をコンソール上に出力する関数］

```
void printMessage(String msg) {
  println(msg);
}
```

```
void drawCircles(int x) {
  ellipse(x, height / 2, width / 4, height / 4);
  ellipse(x, height / 2, width / 8, height / 8);
}
```

続いて、引数が 2 つ以上あり、返り値がない関数を定義する書式を構文 9-4 に示します。複数の引数をカンマ区切りで定義している点に注意してください。

構文 9-4

```
void funcName(type1 param1, type2 param2, ...) {
  statements
}
```

引数が type1 型の param1、type2 型の param2、・・・で、返り値がなく、処理 statements を実行する関数 funcName() を定義する。

- void は、返り値がないことを表しています。
- funcName は関数名を表しています。
- type1、type2、・・・は各引数のデータの種類（型）を表しています。
- param1、param2、・・・は各引数の名前を表しています。

引数が 2 つ以上あり、返り値がない関数の定義例をコード 9-11、コード 9-12 に示します。

コード 9-11 [指定文字列を指定回数コンソール上に出力する関数]

```
void printMessage(String msg, int count) {
  for(int i = 0; i < count; i++) {
    println(msg);
  }
}
```

コード 9-12 [指定 x 座標・y 座標・最大直径の同心円を描画する関数]

```
void drawCircles(int x, int y, int d) {
  ellipse(x, y, d, d);
  ellipse(x, y, d / 2, d / 2);
  ellipse(x, y, d / 3, d / 3);
}
```

9.4.3 関数の呼び出し方法

引数があり、返り値がない関数を呼び出すには、関数名の後ろに () を付け、その () の中に引数を記載します[27]。まず、引数が 1 つの関数を呼び出す具体例を確認しましょう。コード

---

[27] 関数を定義している場所に記載する引数を仮引数、関数を呼び出している場所に記載する引数を実引数と呼びます。

9-13 では、引数で指定した文字列をコンソール上に出力する関数 printMessage() を、draw() 内部から呼び出しています。その際、1 回目は文字列を「Hello」に、2 回目は文字列を「Good morning」に指定しています。コード 9-14 では、引数で指定した x 座標を中心に同心円を描画する関数 drawCircles() を、draw() 内部から呼び出しています。その際、1 回目は x 座標を width / 4 に、2 回目は x 座標を width * 3 / 4 に指定しています。このように、引数を変えることで関数の挙動を変えられることが分かります。

コード 9-13 [引数が 1 つあり、返り値がない関数の呼び出し例 1]

```
void setup() {
  noLoop();
}

void draw() {
  printMessage("Hello");
  printMessage("Good morning");
}

void printMessage(String msg) {
  println(msg);
}
```

実行結果 9-7（コンソール）

```
Hello
Good morning
```

コード 9-14 [引数が 1 つあり、返り値がない関数の呼び出し例 2]

```
void setup() {
  size(800, 800);
  noLoop();
}

void draw() {
  drawCircles(width / 4);
  drawCircles(width * 3 / 4);
}

void drawCircles(int x) {
  ellipse(x, height / 2, width / 4, height / 4);
  ellipse(x, height / 2, width / 8, height / 8);
}
```

実行結果 9-8（Window）

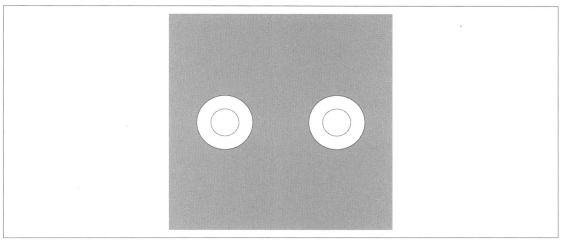

　引数が2つ以上あり、返り値がない関数を呼び出すには、()の中に引数をカンマ区切りで記載します。次のコードで具体例を確認しましょう。コード9-15では、引数で指定した文字列を、同じく引数で指定した回数だけコンソール上に出力する関数 printMessage() を、draw() 内部から呼び出しています。コード9-16では、引数で指定した x 座標・y 座標の位置に、同じく引数で指定した直径を最大の直径とする同心円を描画する関数 drawCircles() を、draw() 内部から呼び出しています。このように、引数を増やすことで関数の挙動をより柔軟に変えられることが分かります。

コード 9-15 ［引数が複数あり、返り値がない関数の呼び出し例1］

```
void setup() {
  noLoop();
}

void draw() {
  printMessage("Hello", 3);
  printMessage("Good morning", 2);
}

void printMessage(String msg, int count) {
  for(int i = 0; i < count; i++) {
    println(msg);
  }
}
```

実行結果 9-9 (コンソール)

実行結果 9-9 (コンソール)

```
Hello
Hello
Hello
Good morning
Good morning
```

コード 9-16 [引数が複数あり、返り値がない関数の呼び出し例2]

```
void setup() {
  size(800, 800);
  noLoop();
}

void draw() {
  drawCircles(width / 4, height / 4, width / 4);
  drawCircles(width * 3 / 4, height * 3 / 4, width / 8);
}

void drawCircles(int x, int y, int d) {
  ellipse(x, y, d, d);
  ellipse(x, y, d / 2, d / 2);
  ellipse(x, y, d / 3, d / 3);
}
```

実行結果 9-10 (Window)

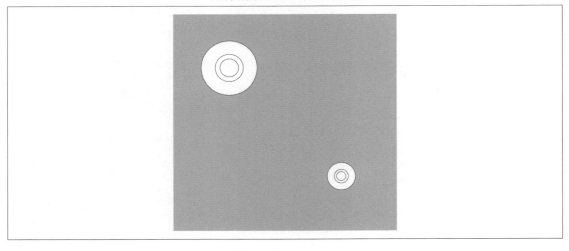

　ここで、引数がある関数を呼び出す際には、**関数定義どおりの型・数・順番で引数を指定する必要がある**ことに注意してください。たとえば、コード 9-17 のように、関数定義と異なる型・数・順番で引数を指定して関数を呼び出そうとするとエラーになります。

```
void setup() {
  noLoop();
}

void draw() {
  printMessage("Hello", 3.0); // 2 つ目の引数の型が違う
  printMessage("Hello");       // 引数の数が足りない
  printMessage(3, "Hello");    // 引数の順番が違う
}

void printMessage(String msg, int count) {
  for(int i = 0; i < count; i++) {
    println(msg);
  }
}
```

9.5　返り値がある関数

9.5.1　返り値の必要性

　前節で、引数があり、返り値がない関数を導入しました。本節では引数・返り値がある関数を扱いますが、その前に返り値の必要性を確認します。

　コード 9-11 では、引数で指定した条件に基づいて文字列を出力する関数を実装しました。この関数は引数で柔軟に挙動を変更できるのですが、処理がこの関数で完結してしまい、処理結果を関数の呼び出し元に返せないという問題があります。これにより、たとえば、draw() の中から関数 A を呼び出したあと、draw() の中で関数 A が出力した文字列を加工して処理を行うといったことができません。

　この問題を解決する手段が**返り値**です。返り値とは、図 9-1 に示すとおり、関数が行った処理結果（出力）のことです。たとえば、関数が返す文字列を draw() 内部で加工して新たな文字列を作成したり、関数が返す計算結果に基づいて draw() 内部でさらなる計算を行ったりできます。次項から、返り値の使い方を具体的に説明していきます。

9.5.2　関数の定義方法

　Processing では、関数に 1 つの返り値を指定できます。返り値を返すには構文 9-5 に示す**return** 文を用います。

構文 9-5

```
return val
```

関数の呼び出し元に値 val を返す。

　次に、返り値を返す関数の典型的な書式[28] について、引数がない場合を構文 9-6、引数がある場合を構文 9-7 示します。

---

[28] 後述しますが、関数内に条件分岐がある場合、条件ごとに return 文を設けることもあります。

構文 9-6

```
type funcName() {
  statements
  return val;
}
```

処理 statements を実行し、type 型の値 val を返す関数 funcName() を定義する。

- type は、返り値のデータの種類（型）を表しています。
- funcName は関数名を表しています。
- val は返り値を表しています。具体的な値でも、値を代入した変数でも構いません。

構文 9-7

```
type funcName(type1 param1, type2 param2, ...) {
  statements
  return val;
}
```

処理 statements を実行し、type 型の値 val を返す関数 funcName() を定義する。

- type は、返り値のデータの種類（型）を表しています。
- type1、type2、・・・は各引数のデータの種類（型）を表しています。
- funcName は関数名を表しています。
- val は返り値を表しています。具体的な値でも、値を代入した変数でも構いません。

　返り値がある関数の定義例をコード9-18〜コード9-20に示します。関数内で変数（sum、wcMsg）を宣言していることについては9.6節で説明しますので、ここでは深く考えなくて結構です。

コード 9-18 ［引数の合計値を返す関数］

```
int calcSum(int a, int b) {
  int sum = a + b;
  return sum;
}
```

コード 9-19 ［指定文字列に新たに文字列を追加して返す関数］

```
String getWelcomeMessage(String msg) {
  String wcMsg = "Welcome " + msg + "!";
  return wcMsg;
}
```

```
boolean compare(float a, float b) {
  if(a > b) {
    return true;
  } else {
    return false;
  }
}
```

return の後に式を書いて、式の結果の値を返すこともできます。たとえば、コード 9-18 はコード 9-21 のように書くこともできます。

コード 9-21 ［引数の合計値を返す関数（別の書き方）］

```
int calcSum(int a, int b) {
  return a + b;
}
```

　ここで、返り値を定義した関数は、**関数内の処理の最後に適切な型の値を返さなければならない**ことに注意してください。コード 9-18 を正しい例として、初学者がおかしやすい誤りの例を 4 つ示します。

(1) return 文を書き忘れる
(2) return 文で返す値の型が不適切
(3) return 文以降に処理を記述する
(4) return 文が実行されない場合がある

(1) の return 文を書き忘れる例をコード 9-22 に示します。この関数は int 型の値を返すと宣言しているのですが、return 文を書き忘れているため何の値も返していません。コード 9-18 で示したように、関数内の末尾で int 型の値を return 文で返す必要があります。

コード 9-22 ［return 文を書き忘れた関数（不適切なコード）］

```
int calcSum(int a, int b) {
  int sum = a + b;
}
```

(2) の return 文で返す値の型が不適切である例をコード 9-23 に示します。この関数は int 型の値を返すと宣言しているのですが、return 文で float 型の値を返しています。コード 9-18 で示したように、int 型の値を return 文で返す必要があります。

コード9-23［return文で返す値の型が不適切な関数（不適切なコード）］

```
int calcSum(int a, int b) {
  float sum = a + b;
  return sum;
}
```

（3）のreturn文以降に処理を記述している例をコード9-24に示します。この関数にはreturn文はあるのですが、そのうしろに処理を記述しています。コード9-18で示したように、return文は関数内の処理の最後に実行されるよう記述する必要があります。

コード9-24［return文以降に処理を記述した関数（不適切なコード）］

```
int calcSum(int a, int b) {
  int sum = a + b;
  return sum;
  sum += 1;
}
```

（4）のreturn文が実行されない場合がある例をコード9-25に示します。この関数内にはifブロックがあり、sumが10未満の場合はreturn文が実行されるのですが、それ以外の場合はreturn文が実行されません。この場合はコード9-26のようにifブロック内のすべての分岐にreturn文を記述するか、コード9-27のようにifブロック外部にreturn文を記述する必要があります。

コード9-25［return文が実行されない場合がある関数（不適切なコード）］

```
int calcSum(int a, int b) {
  int sum = a + b;
  if(sum < 10) {
    sum /= 10;
    return sum;
  } else {
    sum /= 100;
  }
}
```

コード9-26［return文が実行されない場合がある関数の改善例1］

```
int calcSum(int a, int b) {
  int sum = a + b;
  if(sum < 10) {
    sum /= 10;
    return sum;
  } else {
    sum /= 100;
    return sum;
  }
}
```

```
int calcSum(int a, int b) {
  int sum = a + b;
  if(sum < 10) {
    sum /= 10;
  } else {
    sum /= 100;
  }
  return sum;
}
```

9.5.3　関数の呼び出し方法

　返り値がある関数の呼び出し方自体は、返り値がない関数の呼び出し方と変わりません。しかし、返り値の受け取り方は新しく学ぶ必要があります。典型的には、返り値を変数に代入するか、返り値をそのまま式の一部として使います。

　まず、関数を呼び出し、返り値を変数に代入する例をコード 9-28 〜コード 9-30 に示します。当然のことながら、代入時の左辺の変数の型と右辺の関数の返り値の型は一致している必要があります。なお、draw() 内で変数を宣言していることについては 9.6 節で説明しますので、ここでは深く考えなくて結構です。

コード 9-28［返り値がある関数の呼び出し例 1］

```
void setup() {
  noLoop();
}

void draw() {
  int a = 10;
  int b = 20;
  int sum = calcSum(10, 20);
  println(a + " + " + b + " = " + sum);
}

int calcSum(int a, int b) {
  int sum = a + b;
  return sum;
}
```

実行結果 9-11（コンソール）

```
10 + 20 = 30
```

コード 9-29［返り値がある関数の呼び出し例 2］

```
void setup() {
  noLoop();
}

void draw() {
  String wcMsg = getWelcomeMessage("Alice");
  println("### " + wcMsg + " ###");
}

String getWelcomeMessage(String msg) {
  String wcMsg = "Welcome " + msg + "!";
  return wcMsg;
}
```

実行結果 9-12（コンソール）

```
### Welcome Alice! ###
```

コード 9-30［返り値がある関数の呼び出し例 3］

```
void setup() {
  noLoop();
}

void draw() {
  float a = 10.5;
  float b = 10.3;
  boolean judge = compare(a, b);
  if(judge) {
    println("a is larger.");
  }
}

boolean compare(float a, float b) {
  if(a > b) {
    return true;
  } else {
    return false;
  }
}
```

実行結果 9-13（コンソール）

```
a is larger.
```

　続いて、関数を呼び出し、返り値をそのまま式の一部として使う例をコード 9-31 ～コード 9-33 に示します。これまでは値や変数を記述していたところで関数を呼び出す書き方に最初は戸惑うかもしれません。コード 9-28 ～コード 9-30 と見比べながら、じっくり理解を深めてください。

```
void setup() {
  noLoop();
}

void draw() {
  int a = 10;
  int b = 20;
  println(a + " + " + b + " = " + calcSum(a, b));
}

int calcSum(int a, int b) {
  int sum = a + b;
  return sum;
}
```

実行結果 9-14（コンソール）

```
10 + 20 = 30
```

コード 9-32［返り値がある関数の呼び出し例5］

```
void setup() {
  noLoop();
}

void draw() {
  println("### " + getWelcomeMessage("Alice") + " ###");
}

String getWelcomeMessage(String msg) {
  String wcMsg = "Welcome " + msg + "!";
  return wcMsg;
}
```

実行結果 9-15（コンソール）

```
### Welcome Alice! ###
```

コード 9-33［返り値がある関数の呼び出し例6］

```
void setup() {
  noLoop();
}

void draw() {
  float a = 10.5;
  float b = 10.3;
  if(compare(a, b)) {
    println("a is larger.");
  }
}
```

```
boolean compare(float a, float b) {
  if(a > b) {
    return true;
  } else {
    return false;
  }
}
```

実行結果 9-16（コンソール）

```
a is larger.
```

9.6 変数のスコープ

9.6.1 変数のスコープ

Processing をはじめ、多くのプログラミング言語の変数にはスコープ（可視範囲）という概念があります。これは、その変数を利用できる範囲のことです。スコープ内からはその変数を利用できますし、スコープ外からはその変数を利用できません。

キーワード 9-1

変数のスコープ 当該変数を利用できる範囲のこと。

Processing の変数は、**グローバル変数**と**ローカル変数**に大別できます[29]。グローバル変数とは、プログラム全体をスコープとする変数です。すなわち、プログラムのどこからでも利用できる変数です。一方、ローカル変数とは、特定の関数やブロック内をスコープとする変数です。すなわち、当該関数／ブロックの中からしか利用できない変数です。

キーワード 9-2

グローバル変数 プログラム全体をスコープとする変数。

キーワード 9-3

ローカル変数 特定の関数やブロックをスコープとする変数。

9.6.2 グローバル変数

関数（setup()、draw() を含む）の外側で宣言した変数は、グローバル変数になります。コード 9-34 を見てください。(1) の x は関数の外側で宣言した変数ですのでグローバル変数です。

---

[29] グローバル（global）は大域の、ローカル（local）は局所の、という意味です。

このため、x はプログラムのどこからでも利用可能になり、draw() 内の (2) も、printX() 内の (3) も、(1) と同じ変数 x を参照しています。

コード 9-34［グローバル変数の例 1］

```
int x = 100; // (1)

void setup() {
  noLoop();
}

void draw() {
  println("draw(): x = " + x); // (2)
  printX();
}

void printX() {
  println("printX(): x = " + x); // (3)
}
```

実行結果 9-17（コンソール）

```
draw(): x = 100
printX(): x = 100
```

　しかし、変数がどこからでも利用可能ということは、その変数にどこからでも新たな値を代入できるということになります[30]。コード 9-35 と実行結果 9-18 を見てください。x はグローバル変数ですので、printX() 内の (5) で x に新たな値 200 を代入すると、draw() 内の (3) に影響が出ていることが分かります。これが意図した結果であればよいのですが、プログラムが巨大になると、意図せずしてグローバル変数の値を変更してしまい、プログラム全体に影響を与えてしまうことがあります。このような問題を避けるため、原則として**変数のスコープは最小化すべき**です。すなわち、本当にプログラム全体から利用する必要がある変数だけをグローバル変数にして、それ以外の変数は適切なスコープを持つ変数にするべきです。これを実現する手段が、次項で説明するローカル変数です。

---

[30] final 修飾子を用いれば変数に 2 回目以降の代入が行われることを防げますが、初学者向けである本書では扱いません。

コード 9-35［グローバル変数の例 2］

```
int x = 100; // (1)

void setup() {
  noLoop();
}

void draw() {
  println("draw()-1: x = " + x); // (2)
```

```
  printX();
  println("draw()-2: x = " + x); // (3)
}

void printX() {
  println("printX(): x = " + x); // (4)
  x = 200; // (5)
}
```

実行結果 9-18（コンソール）

```
draw()-1: x = 100
printX(): x = 100
draw()-2: x = 200
```

9．6．3　ローカル変数

　特定の関数／ブロックの内側で宣言した変数は、ローカル変数になります。コード 9-36 を見てください。(1) で宣言した x は、draw() 内をスコープとするローカル変数です。このため、(2) のように draw() 内からは利用できますが、draw() 外部からは利用できません。同様に、(3) で宣言した y は、printY() 内をスコープとするローカル変数です。このため、(4) のように printY() 内からは利用できますが、printY() 外部からは利用できません。

コード 9-36［ローカル変数の例 1］

```
void setup() {
  noLoop();
}

void draw() {
  int x = 100; // (1)
  println("draw(): x = " + x); // (2)
  printY();
}

void printY() {
  int y = 200; // (3)
  println("printY(): y = " + y); // (4)
}
```

実行結果 9-19（コンソール）

```
draw(): x = 100
printY(): y = 200
```

　上記の概念が理解できていれば、コード 9-37 の挙動も意外ではないはずです。アルゴリズムはコード 9-36 とまったく同じで、単に関数名・変数名を変えただけです。(1) で宣言した x は draw() 内をスコープとするローカル変数、(2) で宣言した x は printX() 内をスコープとする

ローカル変数です。これらはたまたま名前が同じ変数ですが、それぞれの関数内でのみ有効な
ローカル変数ですので、互いに影響しあうことはありません。たとえば、draw() 内で x の値を
いくら変更しても、printX() 内の x の値には影響しないのです。

コード 9-37 [ローカル変数の例 2]

```
void setup() {
  noLoop();
}

void draw() {
  int x = 100; // (1)
  println("draw(): x = " + x);
  printX();
}

void printX() {
  int x = 200; // (2)
  println("printX(): x = " + x);
}
```

実行結果 9-20（コンソール）

```
draw(): x = 100
printX(): x = 200
```

　関数の引数もローカル変数です。コード 9-38 を見てください。(1) で宣言した x はグローバ
ル変数ですので、(2) のように draw() 内、(4) のように printY() 内から利用できます。一方、(3)
で宣言した引数 y はローカル変数ですので、(5) のように printY() 内からは利用できますが、
printY() 外からは利用できません。

コード 9-38 [ローカル変数の例 3]

```
int x = 100; // (1)

void setup() {
  noLoop();
}

void draw() {
  println("draw(): x = " + x); // (2)
  printY(50);
}

void printY(int y) { // (3)
  println("printY(): x = " + x); // (4)
  println("printY(): y = " + y); // (5)
}
```

実行結果 9-21 （コンソール）

```
draw(): x = 100
printY(): x = 100
printY(): y = 50
```

　ブロック内のローカル変数の例も確認しておきましょう。コード 9-39 を見てください。(1) で宣言した x は draw() 内をスコープとするローカル変数、(2) で宣言した y は if ブロック内をスコープとするローカル変数です。if ブロックは draw() 内にありますので、if ブロック内からは (3)(4) のように x と y の両方を利用できます。一方、if ブロック外の (5) の位置では、x は利用できますが、y は利用できません。仮に、(5) の位置で「println(y)」と記述するとエラーになります。

コード 9-39 ［ローカル変数の例 4］

```
void setup() {
  noLoop();
}

void draw() {
  int x = 100; // (1)
  if(x > 10) {
    int y = 10; // (2)
    println("if(): x = " + x); // (3)
    println("if(): y = " + y); // (4)
  }
  println("x = " + x); // (5)
}
```

実行結果 9-22 （コンソール）

```
if(): x = 100
if(): y = 10
x = 100
```

　for 文の初期条件で宣言する変数もローカル変数です。コード 9-40 を見てください。(1) で宣言した x は draw() 内をスコープとするローカル変数、(2) の for 文の初期条件で宣言した i は for ブロック内をスコープとするローカル変数です。for ブロックは draw() 内にありますので、for ブロック内からは (3) のように x と i の両方を利用できます。一方、for ブロック外の (4) の位置では、x は利用できますが、i は利用できません。仮に、(4) の位置で「println(i)」と記述するとエラーになります。

```
void setup() {
  noLoop();
}

void draw() {
  int x = 1; // (1)
  for(int i = 1; i <= 3; i++) { // (2)
    println("for(): (x, i) = (" + x + ", " + i + ")"); // (3)
  }
  println("x = " + x); // (4)
}
```

実行結果 9-23（コンソール）

```
for(): (x, i) = (1, 1)
for(): (x, i) = (1, 2)
for(): (x, i) = (1, 3)
x = 1
```

9.6.4　グローバル変数とローカル変数の優先順位

　ある位置において、同じ名前のグローバル変数とローカル変数が利用できる場合、**ローカル変数が優先**されます。コード 9-41 を見てください。(3) の位置は、(1) で宣言したグローバル変数 x のスコープであると同時に、(2) で宣言したローカル変数 x のスコープでもあります。この場合は、ローカル変数 x が優先されて、実行結果 9-24 のような出力が行われます。

コード 9-41［同名のグローバル変数とローカル変数がある例 1］

```
int x = 100; // (1)

void setup() {
  noLoop();
}

void draw() {
  int x = 200; // (2)
  println("draw(): x = " + x); // (3)
}
```

実行結果 9-24（コンソール）

```
draw(): x = 200
```

　グローバル変数とローカル変数の優先順位を考える上で、もう 1 点、重要なことがあります。それは、**変数を宣言する前の範囲はその変数のスコープにはならない**ということです。コード 9-42 を見てください。(2) の位置ではまだローカル変数 x が宣言されていませんので、(1) で宣言したグローバル変数 x が利用されます。一方、(4) の位置では (3) で宣言したローカル変数 x が利用されます。

コード 9-42 [同名のグローバル変数とローカル変数がある例 2]

```
int x = 100; // (1)

void setup() {
  noLoop();
}

void draw() {
  println("draw()-1: x = " + x); // (2)
  int x = 200; // (3)
  println("draw()-2: x = " + x); // (4)
}
```

実行結果 9-25 (コンソール)

```
draw()-1: x = 100
draw()-2: x = 200
```

9.6.5　配列変数の挙動

　ローカル変数の挙動を確認してきましたが、配列変数はここまでの内容では説明できない挙動を示します。コード 9-43 を見てください。(1) で宣言した配列変数 data は draw() 内をスコープとするローカル変数です。ここまでの説明では、(2) で d の先頭要素に 100 を代入しても、changeData() 外部には影響を与えないように思われます。しかし、実際には (2) の d への代入結果が draw() 内の data にも反映され、実行結果 9-26 のような出力になります。

コード 9-43 [配列変数を引数とする関数]

```
void setup() {
  noLoop();
}

void draw() {
  int[] data = {1, 2, 3, 4, 5}; // (1)
  println("Before: data[0] = " + data[0]);
  changeData(data);
  println("After: data[0] = " + data[0]);
}

void changeData(int[] d) {
  d[0] = 100; // (2)
}
```

実行結果 9-26 (コンソール)

```
Before: data[0] = 1
After: data[0] = 100
```

　この挙動の理由を理解するためには参照という概念の理解が必要です。しかし、これは初学

者の学習範囲を超えていますし、本書でも配列を引数とする事例は少数ですので、詳細な説明は行いません。配列変数を引数とする関数では、上記のような挙動が起こることを覚えておいていただければ十分です。

9.6.6　アニメーション実現時の変数の宣言位置

原則として変数のスコープは最小化すべきであると説明してきました。しかし、アニメーションを実現したい場合には、この原則を守りにくいケースが多々あります。

たとえば、コード9-44を見てください。このコードは、ボールが左から右へ移動するアニメーションを実現します。

コード9-44［ボールが移動するアニメーション］

```
int x = 0;
color black = color(0, 0, 0);

void setup() {
  size(800, 600);
}

void draw() {
  background(black);
  ellipse(x, height / 2, width / 20, width / 20);
  x++;
}
```

ここで、ボールの中心 x 座標を表す変数 x は draw() 内部からしか参照されていないので、変数のスコープを最小化しようとしてコード9-45を書いたとします。すると当然ですが、draw()が実行されるたびに (1) で x を宣言しなおして 0 に初期化してしまうので、ボールは一切動かなくなってしまいます。つまり、**draw() が実行されるたびに初期化されては困る変数は、draw() 外部でグローバル変数として宣言する必要がある**のです。

コード9-45［変数宣言位置が不適切なプログラム1］

```
color black = color(0, 0, 0);

void setup() {
  size(800, 600);
}

void draw() {
  int x = 0; // (1)
  background(black);
  ellipse(x, height / 2, width / 20, width / 20);
  x++;
}
```

　先ほどの例ほど深刻ではありませんが、draw() 内部からしか参照されていない変数 black の
スコープを最小化するために、コード 9-46 のように black の宣言・初期化を draw() 内部で行
うことにも違和感があります。このコードは問題なくアニメーションを実現できるのですが、
draw() が実行されるたびに不必要に black を宣言・初期化しなおしています。やはりコード
9-44 のように、black は draw() 外部でグローバル変数として宣言する方が自然です[31]。

コード 9-46［変数宣言位置が不自然なプログラム 2］

```
int x = 0;

void setup() {
  size(800, 600);
}

void draw() {
  color black = color(0, 0, 0);
  background(black);
  ellipse(x, height / 2, width / 20, width / 20);
  x++;
}
```

9.7　複数の関数の利用
9.7.1　複数の関数の利用について
　ここまでは、setup()・draw() 以外の関数が 1 つだけの事例のみを扱ってきました。しかし、
関数は 1 つしか作ってはいけないというルールはなく、むしろ、大きなプログラムでは**複数の
関数を用いる**のが通常です。そこで本節では、複数の関数を作成する事例を紹介します。あわ
せて、詳しくは次章以降で説明しますが、複数の関数を設計する際の考え方についても簡単に
説明します。

9.7.2　ベースとなるプログラム
　本節で説明を行う上で、ベースとなるプログラムをコード 9-47 に示します。このコードは、
(1) 装飾線を作成する処理と、(2) 文字列を強調する処理を行い、強調した文字列を実行結果
9-27 のように出力するプログラムです。(2) で用いている msg.toUpperCase() は文字列 msg を構
成する文字を全部大文字にする処理であり、「\n」は改行を意味する文字です。説明を簡単に
するために短いコードを用いていますが、この状態でも既に draw() 内に複雑な処理が記載さ
れていて、コードの見通しが悪いことにお気付きかと思います。

---

[31] 本来は定数として宣言すべきですが、初学者向けの本書では定数については扱いません。

```
void setup() {
  noLoop();
}

void draw() {
  String msg = "Good morning";
  char mark1 = '=';
  char mark2 = '-';

  // (1) 装飾線を作成する処理
  String line = "";
  for(int i = 0; i < msg.length(); i++) {
    if(i % 2 == 0) {
      line += mark1;
    } else {
      line += mark2;
    }
  }

  // (2) 文字列を強調する処理
  String upperMsg = msg.toUpperCase();
  String emphasized
    = line + "\n" + upperMsg+ "\n" + line;

  println(emphasized);
}
```

実行結果 9-27（コンソール）

```
=-=-=-=-=-=-
GOOD MORNING
=-=-=-=-=-=-
```

　前節までの方法にならうと、draw() 内の複雑な処理は関数として切り出して、コード 9-48 のようなプログラムに修正することを思い付くでしょう。このコードはコード 9-47 よりは読みやすいのですが、(1)(2) の複数の処理を丸ごと draw() から emphasize() に移動しただけであるため、今度は emphasize() の中身が複雑になってしまいます。次項からは、2 通りの方法でこのコードを改善します。

コード 9-48 [(1)(2) の処理を丸ごと 1 つの関数に移動したプログラム]

```
void setup() {
  noLoop();
}

void draw() {
  String msg = "Good morning";
  char mark1 = '=';
  char mark2 = '-';
```

```
    String emphasized = emphasize(msg, mark1, mark2);

    println(emphasized);
}

String emphasize(String msg, char mark1, char mark2) {
    // (1) 装飾線を作成する処理
    String line = "";
    for(int i = 0; i < msg.length(); i++) {
        if(i % 2 == 0) {
            line += mark1;
        } else {
            line += mark2;
        }
    }

    // (2) 文字列を強調する処理
    String upperMsg = msg.toUpperCase();
    String emphasized
        = line + "\n" + upperMsg+ "\n" + line;

    return emphasized;
}
```

9.7.3 複数関数を全て draw() から呼び出すパターン

本項では、図 9-4 のように複数関数を全て draw() から呼び出すパターンを説明します。ベースとなるコード 9-47 では、(1) 装飾線を作成する処理と (2) 文字列を強調する処理の両方が draw() 内部に記載されていました。これらの異なる処理をそれぞれ別の関数として draw() 外部に切り出した上で、draw() からそれらの関数を全て呼び出すよう変更したのがコード 9-49 です。

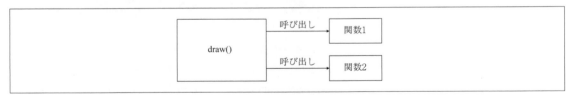

〔図 9-4〕複数関数を全て draw() から呼び出すパターン

コード 9-49 [複数関数を全て draw() から呼び出すプログラム]

```
void setup() {
    noLoop();
}

void draw() {
    String msg = "Good morning";
    char mark1 = '=';
    char mark2 = '-';
```

```
    String line = makeLine(mark1, mark2, msg.length());
    String emphasized = emphasize(msg, line);

    println(emphasized);
}

// (1) 装飾線を作成する関数
String makeLine(char mark1, char mark2, int count) {
    String line = "";
    for(int i = 0; i < count; i++) {
        if(i % 2 == 0) {
            line += mark1;
        } else {
            line += mark2;
        }
    }
    return line;
}

// (2) 文字列を強調する関数
String emphasize(String msg, String line) {
    String upperMsg = msg.toUpperCase();
    String emphasized
        = line + "\n" + upperMsg+ "\n" + line;
    return emphasized;
}
```

　このコードでは、draw() 内部から具体的な処理が取り除かれたため、コードの見通しが良くなっています。draw() 内を見ると、makeLine() で line を作成して、emphasize() で文字列 emphasized を作成して、最後に emphasized をコンソール上に出力するという処理の流れが容易に読み取れます。各関数に目を向けると、makeLine() は (1) の処理だけ、emphasize() は (2) の処理だけが記載されています。すなわち、**1 つの処理**[32] **が 1 つの関数として実装されている**のです。このため、これらの関数は、(1)(2) の処理の両方が記載されていたコード 9-48 の emphasize() よりも内容が把握しやすいはずです。さらに、詳細は 10 章で説明しますが、makeLine() は処理内容がある程度汎用的で、他のプログラムの部品としても使い回せる再利用性が高いものになっています。

　なお、このコードは、draw() が全ての関数を呼び出すことで、処理の具体的な流れを draw() 内で管理しようとするものです。すなわち、各関数（line()、emphasize()）を呼び出す順番や、文字列 emphasized を作成するためには文字列 line が必要であることを、draw() が「知っている」状態です。現在は呼び出す関数が 2 つですので大きな問題はありませんが、呼び出す関数が増えたり、各関数の返り値に対する操作が複雑化したりした場合には、またしても draw() 内部が複雑になってしまいます。次項では、この問題に対応する方法を説明します。

---

[32] 何を「1 つの処理」と見なすかはケースバイケースですし、適切な処理単位の見極めには経験も必要です。

9.7.4 関数からさらに関数を呼び出すパターン

前項のコード 9-49 では、draw() から各関数を直接呼び出す方式をとっていました。本項では、図 9-5 のように関数からさらに関数を呼び出すパターンを採用します。具体的には、makeLine() を draw() から呼び出すのではなく、emphasize() から呼び出すように変更します。これを実現したものをコード 9-50 に示します。

〔図 9-5〕関数からさらに関数を呼び出すパターン

コード 9-50［関数からさらに関数を呼び出すプログラム］

```
void setup() {
  noLoop();
}

void draw() {
  String msg = "Good morning";
  char mark1 = '=';
  char mark2 = '-';

  String emphasized = emphasize(msg, mark1, mark2);

  println(emphasized);
}

// (1) 装飾線を作成する関数
String makeLine(char mark1, char mark2, int count) {
  String line = "";
  for(int i = 0; i < count; i++) {
    if(i % 2 == 0) {
      line += mark1;
    } else {
      line += mark2;
    }
  }
  return line;
}

// (2) 文字列を強調する関数
String emphasize(String msg, char mark1, char mark2) {
  String line = makeLine(mark1, mark2, msg.length());
  String upperMsg = msg.toUpperCase();
  String emphasized
    = line + "\n" + upperMsg+ "\n" + line;
  return emphasized;
}
```

このコードでは、draw() から呼び出すコードが emphasized() だけになっています。すなわち、コード 9-49 とは異なり、draw() 内で処理の具体的な流れを管理しようとせず、文字列を強調するための具体的な処理を emphasize() に「任せている」状態です。任せられた emphasize() は、装飾線を作成する処理を実現するために makeLine() を呼び出します。つまり、図 9-5 のように、関数からさらに関数を呼び出しているのです。この方法であれば、呼び出す関数が増えていっても、draw() 内は見通しが良い状態に保ちやすくなります。

9.7.5　その他のパターン

複数の関数の利用方法は、ここまで説明したもの以外にもたくさんあるでしょう。たとえば、draw() から呼び出した関数から、複数の関数を呼び出したいことがあるでしょう。あるいは、draw() 内に if ブロックを設け、ある条件のときは関数 A、それ以外の場合は関数 B を draw() から呼び出したいこともあるでしょう。必要に応じて、柔軟に関数を定義・利用できるよう訓練を積むことが重要です。

9.8　関数設計のガイドライン

本章では、関数の構文を学びました。しかし、構文を知っているだけでは関数は使いこなせません。実は、初学者を悩ませるのは、どの処理をどのような関数にするか、ということなのです。アルゴリズムを実現する上で、関数を適切に設計することは非常に重要であると同時に、これを行うためには多くの訓練を要します。

10 章、11 章では、それぞれ再利用と抽象化の観点から関数設計の方法を詳細に説明しますが、本節ではこれらの概要を関数設計のガイドラインとして示しておきます。ある程度の長さを持つプログラムを作成する場合において、主に関数化すべき処理は次のとおりです。

(1) 重複する処理
(2) 汎用的な処理
(3) 複雑な処理
(4) 本質的でない処理

(1) 重複する処理は、1 ヶ所に関数としてまとめるべきです。同じ処理を何回も書く手間が省けますし、処理にバグがあった場合でも修正する場所が 1 ヶ所で済みます。(2) 汎用的な処理（例：ファイルの内容を配列に読み込む処理）も関数にするとよいでしょう。仮に現在は 1 回しか登場しない処理であっても、汎用的な関数は将来プログラムを書き足した場合に利用するかもしれません。(1)(2) を関数による処理の再利用と捉え、10 章で詳しく説明します。

(3) 複雑な処理は、draw() の外部に関数として切り出すべきです。draw() 内に複雑な処理を記載してしまうと、プログラム全体の見通しが悪くなり、コードを書く場合も読む場合も大変になります。(4) 本質的でない処理も、同様の理由で draw() の外部に関数として切り出した方がよいでしょう。例えば、ファイルの保存時に文字コードを変換する、zip 圧縮するなどの処理は、おそらく多くのプログラムにおいて主目的ではなく、主目的を達成するために付随する

処理でしょう。このような処理は関数として切り出しておくべきです。(3)(4) を行うことで、複雑な／本質でない処理の実体を draw() 外部の関数に移動できるので、draw() 内ではこれらの処理を抽象的に記述でき、コードの見通しが良くなります。加えて、これらの処理の具体的なアルゴリズムが変わっても、draw() 内の記述には影響しないという効果も生まれます。(3)(4) を関数による処理の抽象化と捉え、11 章で詳しく説明します。

9.9　本章のまとめ

関数
- 与えられた入力に対して、何らかの処理を行い、出力を返却する仕組みのこと。
- 入力を引数、出力を返り値と呼ぶ。
- 関数を使うと、コードの冗長性・難読性を解決／軽減できる。
- Processing で関数を利用する場合は Active モードを使う必要がある。その際、draw() が無制限に繰り返されることを抑制したければ、noLoop() を使う。

関数の書式
- 引数がない関数は、関数名の後の () 内に何も書かない。
- 引数がある関数は、関数名の後の () 内に型と引数名をカンマ区切りで列挙する。
- 返り値がない関数は、関数名の前に void を指定する。
- 返り値がある関数は、関数名の前に返り値の型を書き、関数内の処理の最後に return 文で返り値を返す。

変数のスコープ
- その変数を利用できる範囲のこと。
- Processing の変数は、グローバル変数とローカル変数に大別できる。
- グローバル変数は、プログラム内のどこからでも利用できる。本当にプログラム全体から利用する必要がある変数だけをグローバル変数にするべき。
- ローカル変数は、特定の関数／ブロック内だけから利用できる。関数内（引数も含む）、ブロック内（for 文の初期条件も含む）で宣言した変数は各関数／ブロックをスコープとするローカル変数になる。
- ある位置において、同じ名前のグローバル変数とローカル変数が利用できる場合、ローカル変数が優先される。
- 変数を宣言する前の範囲はその変数のスコープにはならない。
- 配列変数が関数の引数となる場合の挙動に注意する。
- アニメーション実現時はグローバル変数を用いることが必要／妥当なケースも多々ある。

複数の関数の利用
- 関数は複数作成できる。
- 1 つの処理を 1 つの関数にまとめると、コードの見通しが良くなり、関数の再利用性も高まる。

• 複数関数を全て draw() から呼び出す書き方や、関数からさらに関数を呼び出す書き方がある。

関数設計のガイドライン
• 重複する処理、汎用的な処理は、再利用できるよう関数化した方がよい。
• 複雑な処理、本質的でない処理は、抽象化するために関数化した方がよい。

9.10 演習問題

問 1. 10 から 1 までの整数を、大きい順に半角スペース区切りでコンソール上に出力する関数を作成せよ。次に、その関数を draw() 内から適切に呼び出すプログラムを完成させよ。

問 2. 整数 x を指定されたとき、x から 1 までの整数を、大きい順に半角スペース区切りでコンソール上に出力する関数を作成せよ。x が 2 以上の整数であることを前提としてよい。次に、その関数を draw() 内から適切に呼び出し、100 から 1 までの整数を大きい順に半角スペース区切りでコンソール上に出力するプログラムを完成させよ。

問 3. 実数 x、y、z を指定されたとき、これらの和をコンソール上に出力する関数を作成せよ。次に、その関数を draw() 内から適切に呼び出し、1.2、3.4、5.6 の和をコンソール上に出力するプログラムを完成させよ。

問 4. 実数 x、y、z を指定されたとき、これらの和を返す関数を作成せよ。次に、その関数を draw() 内から適切に呼び出し、1.2、3.4、5.6 の和をコンソール上に出力するプログラムを完成させよ。

問 5. 整数 x,y を指定されたとき、x の方が y より大きい場合に「OK」、そうでない場合に「NO」という判定結果をコンソール上に出力する関数を作成せよ。次に、その関数を draw() 内から適切に呼び出し、x = 10、y = 5 の場合の判定結果をコンソール上に出力するプログラムを完成させよ。

問 6. 整数 x、y を指定されたとき、x の方が y より大きい場合に true、そうでない場合に false を返す関数を作成せよ。次に、その関数を draw() 内から適切に呼び出し、x = 10、y = 5 の場合の判定結果（x の方が y より大きい場合に「OK」、そうでない場合に「NO」）をコンソール上に出力するプログラムを完成させよ。

問 7. 整数配列 data を指定されたとき、data 内の最小要素をコンソール上に出力する関数を作成せよ。次に、その関数を draw() 内から適切に呼び出し、data が {1, 4, -5, 3, 2, 10, 0} の場合に data 内の最小要素をコンソール上に出力するプログラムを完成させよ。

問 8. 整数配列 data を指定されたとき、data 内の最小要素を返す関数を作成せよ。次に、その

関数を draw() 内から適切に呼び出し、data が {1, 4, -5, 3, 2, 10, 0} の場合に data 内の最小要素をコンソール上に出力するプログラムを完成させよ。

問 9. マウスカーソルが Window の左半分（中央は含まない）にある場合は Window の右半分のどこかに円を描画し、それ以外の場合は Window の左半分のどこかに円を描画する関数を作成せよ。次に、その関数を draw() 内から適切に呼び出し、マウスカーソルが Window の左半分にある場合は右半分に円を描画し、そうでない場合は左半分に円を描画するプログラムを完成させよ。

問 10. マウスカーソルが Window の左半分（中央を含む）にある場合は true、それ以外の場合は false を返す関数を作成せよ。次に、その関数を draw() 内から適切に呼び出し、マウスカーソルが Window の左半分にある場合は Window 全体を黒く、そうでない場合は白く塗りつぶすプログラムを完成させよ。

10

関数による
処理の再利用

10.1　本章の概要

　本章では、重複した処理・汎用的な処理の**再利用**を容易にするための関数設計手法を学びます。重複した処理の関数化については、重複処理を関数にして再利用するための手法だけでなく、一見重複していなくても本質的に重複した処理を発見して関数化する手法についても説明します。汎用的な処理の関数化については、汎用的処理を見極める基準や、汎用的処理を関数化することの効果を、実例をまじえて説明します。

10.2　重複処理の関数化

10.2.1　重複・類似処理の関数化

　9.7節で、重複する処理は1ヶ所に関数としてまとめ、必要なときに再利用するべきであると説明しました。この考え方について、まず、重複処理の事例で確認しましょう。コード10-1を見てください。これは、飾り文字3個と所定の文字列をコンソール上に出力するプログラムです。

コード 10-1 ［飾り文字と文字列を出力するプログラム1］

```
void setup() {
  noLoop();
}

void draw() {
  // 「***Good morning」と表示
  for(int i = 0; i < 3; i++) {
    print('*');
  }
  println("Good morning");

  // 「***Good afternoon」と表示
  for(int i = 0; i < 3; i++) {
    print('*');
  }
  println("Good afternoon");

  // 「***Good evening」と表示
  for(int i = 0; i < 3; i++) {
    print('*');
  }
  println("Good evening");
}
```

実行結果 10-1（コンソール）

```
***Good morning
***Good afternoon
***Good evening
```

コード10-1の問題は明らかでしょう。for文で飾り文字（「*」を3個）を出力するというまった

く同じ処理が3回も記述されています。同じことを何度も記述するのは非効率ですし、ミスがあった場合の修正にも手間がかかります。この問題を解決するためには、**重複処理を関数として切り出すアプローチ**が有効です。具体的には、コード10-2のように、重複処理である飾り文字を出力する処理を関数化して1回だけ記述し、必要なときに再利用できるようにするべきです。

コード10-2［飾り文字と文字列を出力するプログラム2］

```
void setup() {
  noLoop();
}

void draw() {
  // 「***Good morning」と表示
  printMarks();
  println("Good morning");

  // 「***Good afternoon」と表示
  printMarks();
  println("Good afternoon");

  // 「***Good evening」と表示
  printMarks();
  println("Good evening");
}

void printMarks() {
  for(int i = 0; i < 3; i++) {
    print('*');
  }
}
```

実行結果10-2（コンソール）

```
***Good morning
***Good afternoon
***Good evening
```

　コード10-1は完全に同じ内容が重複していたので、コード10-2のように重複部分を切り出して関数化するだけで重複を排除できました。しかし、実際にはこのようなケースばかりではありません。たとえば、コード10-3のように、まったく同じではないけれど、かなり似ている処理が複数回登場することがあるでしょう。

コード10-3［異なる数の飾り文字と文字列を出力するプログラム1］

```
void setup() {
  noLoop();
}
```

```
void draw() {
  // 「**Good morning」と表示
  for(int i = 0; i < 2; i++) {
    print('*');
  }
  println("Good morning");

  // 「****Good afternoon」と表示
  for(int i = 0; i < 4; i++) {
    print('*');
  }
  println("Good afternoon");

  // 「******Good evening」と表示
  for(int i = 0; i < 6; i++) {
    print('*');
  }
  println("Good evening");
}
```

実行結果 10-3（コンソール）

```
**Good morning
****Good afternoon
******Good evening
```

コード 10-3 は、for 文で飾り文字を出力する処理が似ているのですが、飾り文字の数が少しずつ異なります。このような場合は、**引数を設けることで関数の挙動を柔軟に変えられるようにするアプローチ**が有効です。具体的には、コード 10-4 のように、飾り文字の数を引数で指定できる関数を設計します。

コード 10-4［異なる数の飾り文字と文字列を出力するプログラム 2］

```
void setup() {
  noLoop();
}

void draw() {
  // 「**Good morning」と表示
  printMarks(2);
  println("Good morning");

  // 「****Good morning」と表示
  printMarks(4);
  println("Good afternoon");

  // 「******Good morning」と表示
  printMarks(6);
  println("Good evening");
}
```

```
void printMarks(int count) {
  for(int i = 0; i < count; i++) {
    print('*');
  }
}
```

実行結果 10-4（コンソール）

```
**Good morning
****Good afternoon
******Good evening
```

　それでは、コード 10-5 のように 2 つの要素（飾り文字の「数」と「種類」）が異なる類似処理が存在する場合はどうでしょうか。

コード 10-5［異なる数・種類の飾り文字と文字列を出力するプログラム 1］

```
void setup() {
  noLoop();
}

void draw() {
  // 「**Good morning」と表示
  for(int i = 0; i < 2; i++) {
    print('*');
  }
  println("Good morning");

  // 「####Good afternoon」と表示
  for(int i = 0; i < 4; i++) {
    print('#');
  }
  println("Good afternoon");

  // 「@@@@@@Good evening」と表示
  for(int i = 0; i < 6; i++) {
    print('@');
  }
  println("Good evening");
}
```

実行結果 10-5（コンソール）

```
**Good morning
####Good afternoon
@@@@@@Good evening
```

こちらも同じ発想で、コード 10-6 のように引数を 2 つ用いれば 1 つの関数として集約できます。

コード 10-6 ［異なる数・種類の飾り文字と文字列を出力するプログラム 2］

```
void setup() {
  noLoop();
}

void draw() {
  // 「**Good morning」と表示
  printMarks(2, '*');
  println("Good morning");

  // 「####Good afternoon」と表示
  printMarks(4, '#');
  println("Good afternoon");

  // 「@@@@@@Good evening」と表示
  printMarks(6, '@');
  println("Good evening");
}

void printMarks(int count, char mark) {
  for(int i = 0; i < count; i++) {
    print(mark);
  }
}
```

実行結果 10-6 （コンソール）

```
**Good morning
####Good afternoon
@@@@@@Good evening
```

　さらに発展させて、繰り返し登場している println() も printMarks()内に移動させてみましょう。ここまでの知識に基づけば、コード 10-7 のような関数が容易に設計できるはずです。

コード 10-7 ［異なる数・種類の飾り文字と文字列を出力する関数の案］

```
void printMarks(int count, char mark, String msg) {
  for(int i = 0; i < count; i++) {
    print(mark);
  }
  println(msg);
}
```

　しかし、printMarks()（マークを出力する）という名前の関数内で文字列まで出力している点は適切とは言えません。文字列出力の機能を持たせた時点で、関数名を適切に変更すべきでしょう。ここでは、printDecoratedMessage()（飾り付けられた文字列を出力する）といった名前が適切でしょう。上記の観点を反映させたプログラムをコード 10-8 に示します。

```
void setup() {
  noLoop();
}

void draw() {
  // 「**Good morning」と表示
  printDecoratedMessage(2, '*', "Good morning");

  // 「####Good afternoon」と表示
  printDecoratedMessage(4, '#', "Good afternoon");

  // 「@@@@@@Good evening」と表示
  printDecoratedMessage(6, '@', "Good evening");
}

void printDecoratedMessage(int count, char mark, String msg) {
  for(int i = 0; i < count; i++) {
    print(mark);
  }
  println(msg);
}
```

実行結果 10-7（コンソール）

```
**Good morning
####Good afternoon
@@@@@@Good evening
```

　ここまでに、引数を上手く用いて関数の挙動を変えられるようにすることで、完全に重複していなくても類似している処理であれば、それらの処理を 1 つの関数として切り出して再利用できるようにする方法を説明しました。しかし、コード 10-9 の場合はどうでしょうか。このコードでは飾り文字を出力する処理は printMarks() として既に関数化できていますが、飾り文字を文字列の前だけに出力する場合と、前後両方に出力する場合が混在しています。

コード 10-9 [飾り文字を前または前後に付けるプログラム 1]

```
void setup() {
  noLoop();
}

void draw() {
  // 「**Good morning」と表示
  printMarks(2, '*');
  println("Good morning");

  // 「####Good afternoon####」と表示
  printMarks(4, '#');
  print("Good afternoon");
```

```
    printMarks(4, '#');
    println();

    // 「@@@@@@Good evening」と表示
    printMarks(6, '@');
    println("Good evening");
}

void printMarks(int count, char mark) {
    for(int i = 0; i < count; i++) {
        print(mark);
    }
}
```

実行結果 10-8（コンソール）

```
**Good morning
####Good afternoon####
@@@@@@Good evening
```

　このように、ある処理の「有無」を切り替えたい場合は、関数に boolean 型の引数を設けるとよいでしょう。具体例をコード 10-10 に示します。boolean 型の引数 both が true の場合は文字列の前後両方に飾り文字をつけ、both が false の場合は前だけに飾り文字をつける関数を設計することで、類似処理を 1 つの関数にまとめて再利用できるようになりました。printDecoratedMessage() 内でprintMarks() を呼び出しているのは、9.7.4 項で説明した関数から関数を呼び出すパターンです。

コード 10-10［飾り文字を前または前後に付けるプログラム 2］

```
void setup() {
    noLoop();
}

void draw() {
    // 「**Good morning」と表示
    printDecoratedMessage(2, '*', "Good morning", false);

    // 「####Good afternoon####」と表示
    printDecoratedMessage(4, '#', "Good afternoon", true);

    // 「@@@@@@Good evening」と表示
    printDecoratedMessage(6, '@', "Good evening", false);
}

void printDecoratedMessage(int count, char mark, String msg, boolean both) {
    printMarks(count, mark);
    if(both) {
        print(msg);
        printMarks(count, mark);
        println();
```

```
  } else {
    println(msg);
  }
}

void printMarks(int count, char mark) {
  for(int i = 0; i < count; i++) {
    print(mark);
  }
}
```

実行結果 10-9（コンソール）

```
**Good morning
####Good afternoon####
@@@@@Good evening
```

10.2.2 本質的な重複・類似処理の関数化

　10.2.1 項では、表層上で明らかに重複・類似した処理は、関数にして再利用するべきであることを説明しました。しかし、一見重複・類似はしていなくても、よく考えると本質的には重複・類似している処理は、やはり1つの関数として切り出して再利用するべきです。この考え方を、具体例を通して確認しましょう。コード 10-11 を見てください。このコードは、移動するボールが Window の上下左右の端で跳ね返るアニメーションを実現するものです。

コード 10-11 ［ボールが上下左右端で跳ね返るプログラム 1］

```
int x;
int y;
int d = 50;

int xStep = 5;
int yStep = 5;

color bgCol = color(0, 0, 0);

void setup() {
  size(800, 600);
  x = width / 2;
  y = height / 2;
}

void draw() {
  background(bgCol);
  ellipse(x, y, d, d);

  if(x < 0 || x > width) { // (1) ボールが左右の壁を超えたかどうかの判定処理
    xStep *= -1;
  }
  if(y < 0 || y > height) { // (2) ボールが上下の壁を超えたかどうかの判定処理
    yStep *= -1;
```

```
  }
  x += xStep;
  y += yStep;
}
```

実行結果 10-10（Window、矢印は表示されない）

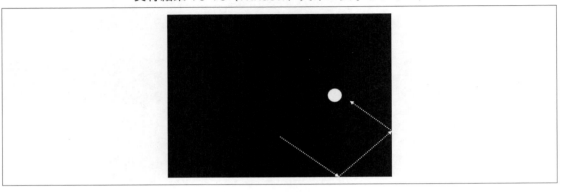

　コード 10-11 の (1) ボールが左右の壁を超えたかどうかの判定処理と、(2) ボールが上下の壁を超えたかどうかの判定処理について考えます。これらの判定処理は、一見別の処理であるように感じられます。しかし、(1) はボールの x 座標が 0 未満か、または、width より大きいかどうかの判定処理です。同様に、(2) はボールの y 座標が 0 未満か、または、height より大きいかどうかの判定処理です。すなわち、これらはともに、ある値 value が下限値 low 未満か、または、上限値 high より大きいかどうかの判定処理であると一般化でき、本質的には同じ処理であることに気付きます。このように、**処理を一般化して捉える**ことが、本質的に重複・類似した処理を発見するためのポイントです。

　それでは、(1)(2) を一般化した処理を isOutside() という関数にしたプログラムをコード 10-12 に示します。isOutside() は、value が low 未満、または、high より大きい場合に true を返し、そうでない場合は false を返す関数です。

コード 10-12［ボールが上下左右端で跳ね返るプログラム 2］

```
int x;
int y;
int d = 50;

int xStep = 5;
int yStep = 5;

color bgCol = color(0, 0, 0);

void setup() {
  size(800, 600);
```

```
  x = width / 2;
  y = height / 2;
}

void draw() {
  background(bgCol);
  ellipse(x, y, d, d);

  if(isOutside(x, 0, width)) { // (1) ボールが左右の壁を超えたかどうかの判定処理
    xStep *= -1;
  }
  if(isOutside(y, 0, height)) { // (2) ボールが上下の壁を超えたかどうかの判定処理
    yStep *= -1;
  }

  x += xStep;
  y += yStep;
}

boolean isOutside(int value, int low, int high) {
  if(value < low || value > high) {
    return true;
  } else {
    return false;
  }
}
```

　処理の一般化により本質的な重複・類似処理を発見できるということを、別の問題でも確認してみましょう。図 10-1 のように 10 個の円が並んでいる図を描画するシーンを考えてください。各円の中心は、左から右に等間隔に並んでいるとします。各円の直径は、左から右に行くにつれて同じペースで大きくなるとします。

　このような描画を行うためには、(1) 等間隔に並ぶように 10 個の円の中心 x 座標を決定する処理と、(2) 同じペースで大きくなるように 10 個の円の直径を決定する処理が必要でしょう。ここで、

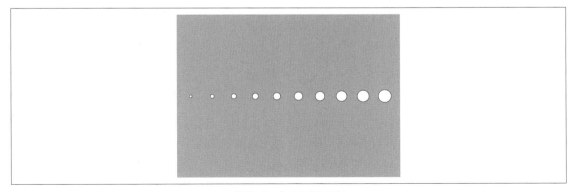

〔図 10-1〕10 個の円

先ほどと同様に処理を一般化して捉えると、(1) と (2) はともに、ある開始値 start から終了値 end の範囲で等間隔に n 個の値を決定する処理であることに気付きます。つまり、(1) と (2) をそれぞれ別の関数として実装する必要はなく、1 つの関数として実装して再利用すればよいのです。

(1)(2) を一般化した処理を makeSequence() という関数にしたプログラムをコード 10-13 に示します。makeSequence() は、start から始まり、end 以下のできるだけ大きな値で終わる[33]ような要素数 n の等差数列を返す関数です。

コード 10-13［左から右に向かって徐々に大きい円を並べるプログラム］

```
void setup() {
  size(800, 600);
  noLoop();
}

void draw() {
  int count = 10;

  // (1) 等間隔に並ぶように 10 個の円の中心 x 座標を決定
  int[] xs = makeSequence(50, width - 50, count);

  // (2) 同じペースで大きくなるように 10 個の円の直径を決定
  int[] ds = makeSequence(10, 50, count);

  for(int i = 0; i < count; i++) {
    ellipse(xs[i], height / 2, ds[i], ds[i]);
  }
}

int[] makeSequence(int start, int end, int n) {
  int step = (end - start) / (n - 1);
  int[] seq = new int[n];

  int value = start;
  for(int i = 0; i < n; i++) {
    seq[i] = value;
    value += step;
  }

  return seq;
}
```

10.3　汎用処理の関数化
10.3.1　汎用処理の関数化
　アルゴリズムの中には、様々なシーンで利用できる**汎用的な処理**があります。たとえば、分散・標準偏差などの統計量を算出する処理や、基本的な図形を描画する処理、ファイルを読み込む処

---

[33] step の算出時に小数点以下が切り捨てられるので、start に繰り返し step を加算してもちょうど end にならないことがあります。

理などが挙げられます。これらの汎用的な処理は、たとえ現在のプログラム中で重複して登場していなくても、将来自分や他の誰かが再利用することを想定して関数化しておく方がよいでしょう。

　ここで、注意すべきことが2点あります。1点目は、極めて汎用的な処理は、プログラミング言語の**標準機能として提供されている可能性がある**ということです。たとえば、絶対値を求める、四捨五入をする、などの汎用的な処理は、Processing の標準機能として提供されています。これらの極めて汎用的な処理を自分で実装しようと思ったら、まずは各プログラミング言語の機能一覧[34]を確認する習慣をつけましょう。標準機能として提供されているものを、わざわざ自分で実装する必要はありません（訓練として実装する場合を除く）。2点目は、処理が汎用的であるかどうかの**絶対的基準はない**ということです。初学者の方は、処理が汎用的か否か判断に迷うことが多いと思います。この判断には慣れが必要ですし、シーンによっても判断基準は変わるでしょう。ですので、あまり深く考え込まずに、自分が「この処理は汎用的だ」と思ったらその処理は関数化してよいでしょう。通常は、処理を関数化することでデメリットが生じることはほとんどありません。

　以降、本節では、典型的な汎用的処理を関数化する事例を紹介します。どのような処理が汎用的であるのか、判断基準の参考にしてください。

10.3.2　統計量算出処理の関数化

　プログラムを組む主な目的として、数値計算が挙げられます。特に、平均値、分散などの統計量を計算したいシーンはよくあります。そこで本項では、ランダムに初期化した int 型配列を題材にして、統計量を算出する処理を考えていきます。まずは、配列内の全要素の初期化と、配列内の全要素をコンソール上に出力する処理だけを行うプログラムをコード 10-14 に示します。

コード 10-14 [配列の初期化・出力を行うプログラム 1]

```
void setup() {
  noLoop();
}

void draw() {
  int[] data = new int[100];

  // 配列内の全要素の初期化
  for(int i = 0; i < data.length; i++) {
    data[i] = int(random(100));
  }

  // 配列内の全要素の出力
  for(int i = 0; i < data.length; i++) {
    print(data[i] + " ");
  }
  println();
}
```

---

[34] Processing の場合は https://processing.org/reference/ に一覧があります。

78　19　78　39　27　…（以降省略、結果は実行するたびに変わる。）

　まだ統計量の算出をしていませんが、コード 10-14 の時点で既に汎用的な処理があることに気付きます。具体的には、配列の全要素の初期化や出力を行う処理は、将来的に他のプログラムでも利用することが想像できます。そこで、これらの処理を再利用可能な関数としてコード10-15 のように切り出します。このとき、9.6.5 項で説明したように、ある関数で引数として受け取った配列変数の各要素に代入を行うと、その関数の呼び出し元の配列変数に代入結果が反映されますので、initData() は配列変数を return 文で返却していないことに注意してください。なお、initData() では、配列要素の初期値を 0 以上 100 未満の整数乱数としていますが、この初期値の範囲を引数で指定できるとさらに汎用的な関数になります。

コード 10-15［配列の初期化・出力を行うプログラム 2］

```
void setup() {
  noLoop();
}

void draw() {
  int[] data = new int[100];

  // 配列内の全要素の初期化
  initData(data);

  // 配列内の全要素の出力
  printData(data);
}

// 配列内の全要素を 0 以上 100 未満の整数乱数で初期化する関数
void initData(int[] data) {
  for(int i = 0; i < data.length; i++) {
    data[i] = int(random(100));
  }
}

// 配列内の全要素をコンソール上に出力する関数
void printData(int[] data) {
  for(int i = 0; i < data.length; i++) {
    print(data[i] + " ");
  }
  println();
}
```

実行結果 10-12（コンソール）

78　19　78　39　27　...（以降省略、結果は実行するたびに変わる。）

　次に、配列内の全要素の**平均値**を計算する処理を追加します。平均値の計算は明らかに汎用

的であるので、この処理は関数として実装するのが妥当です。コード 10-16 では平均値を計算する関数を calcMean() として実装しています。

コード 10-16［平均値計算処理を追加したプログラム］

```
void setup() {
  noLoop();
}

void draw() {
  int[] data = new int[100];

  // 配列内の全要素の初期化
  initData(data);

  // 平均値の計算
  float mean = calcMean(data);

  // 配列内の全要素と統計量の出力
  printData(data);
  println("Mean:" + mean);
}

// 配列内の全要素を 0 以上 100 未満の整数乱数で初期化する関数
void initData(int[] data) {
  for(int i = 0; i < data.length; i++) {
    data[i] = int(random(100));
  }
}

// 配列内の全要素の平均値を計算する関数
float calcMean(int[] data) {
  float mean;
  float sum = 0.0;

  for(int i = 0; i < data.length; i++) {
    sum += data[i];
  }
  mean = sum / data.length;

  return mean;
}

// 配列内の全要素をコンソール上に出力する関数
void printData(int[] data) {
  for(int i = 0; i < data.length; i++) {
    print(data[i] + " ");
  }
  println();
}
```

実行結果 10-13（コンソール）

```
78 19 78 39 27 ...
Mean: 49.47
```

　続いて、配列内の全要素の分散を計算する処理を追加しましょう。要素数を n、i 番目の要素を x_i、全要素の平均値を $\bar{x}$ とするとき、全要素の分散 v は次のように表せます。

$$v = \frac{1}{n}\sum_{i=1}^{n}(x_i - \bar{x})^2$$

この式に基づいて分散を算出する関数を実装しようとしたとき、分散の計算には平均値 $\bar{x}$ の計算が必要であることに気付きます。同時に、平均値を計算する関数はコード 10-16 で実装済みですので、これを再利用できることにも気付くでしょう。この気付きに基づくと、配列内の全要素の分散を計算してコンソール上に出力するプログラムはコード 10-17 のようになります。分散を計算する関数 calcVariance() 内で、平均値を計算する calcMean() を再利用している点に注目してください。

コード 10-17［分散計算処理を追加したプログラム］

```
void setup() {
  noLoop();
}

void draw() {
  int[] data = new int[100];

  // 配列内の全要素の初期化
  initData(data);

  // 平均値の計算
  float mean = calcMean(data);

  // 分散の計算
  float variance = calcVariance(data);

  // 配列内の全要素と統計量の出力
  printData(data);
  println("Mean: " + mean);
  println("Variance: " + variance);
}

void initData(int[] data) {
  for(int i = 0; i < data.length; i++) {
    data[i] = int(random(100));
  }
}

float calcMean(int[] data) {
  float mean;
  float sum = 0.0;
```

```
  for(int i = 0; i < data.length; i++) {
    sum += data[i];
  }
  mean = sum / data.length;

  return mean;
}

float calcVariance(int[] data) {
  float variance;
  float mean = calcMean(data);
  float ssum = 0.0;

  for(int i = 0; i < data.length; i++) {
    ssum += pow(data[i] - mean, 2);
  }
  variance = ssum / data.length;

  return variance;
}

void printData(int[] data) {
  for(int i = 0; i < data.length; i++) {
    print(data[i] + " ");
  }
  println();
}
```

実行結果 10-14 (コンソール)

```
78 19 78 39 27 ...
Mean: 49.47
Variance: 808.0692
```

　最後に、配列内の全要素の**標準偏差**を計算する処理を追加しましょう。標準偏差は分散の正の平方根ですので、これを計算・出力するプログラムはコード 10-18 のようになります。正の平方根は、Processing の標準機能である sqrt() で求めています。標準偏差を計算する関数 calcSD() 内で、分散を計算する calcVariance() を再利用している点に注目してください。

コード 10-18 [標準偏差計算処理を追加したプログラム]

```
void setup() {
  noLoop();
}

void draw() {
  int[] data = new int[100];

  // 配列内の全要素の初期化
```

```
  initData(data);

  // 平均値の計算
  float mean = calcMean(data);

  // 分散の計算
  float variance = calcVariance(data);

  // 標準偏差の計算
  float sd = calcSD(data);

  // 配列内の全要素と統計量の出力
  printData(data);
  println("Mean: " + mean);
  println("Variance: " + variance);
  println("Standard deviation: " + sd);
}

void initData(int[] data) {
  for(int i = 0; i < data.length; i++) {
    data[i] = int(random(100));
  }
}

float calcMean(int[] data) {
  float mean;
  float sum = 0.0;

  for(int i = 0; i < data.length; i++) {
    sum += data[i];
  }
  mean = sum / data.length;

  return mean;
}

float calcVariance(int[] data) {
  float variance;
  float mean = calcMean(data);
  float ssum = 0.0;

  for(int i = 0; i < data.length; i++) {
    ssum += pow(data[i] - mean, 2);
  }
  variance = ssum / data.length;

  return variance;
}

float calcSD(int[] data) {
  float sd;
  float variance = calcVariance(data);

  sd = sqrt(variance);
```

```
    return sd;
}

void printData(int[] data) {
  for(int i = 0; i < data.length; i++) {
    print(data[i] + " ");
  }
  println();
}
```

実行結果 10-15（コンソール）

```
78 19 78 39 27 ...
Mean: 49.47
Variance: 808.0692
Standard deviation: 28.426558
```

10．3．3　基本図形描画処理の関数化

　Processing の特徴の 1 つに、簡単に図形描画が行えることが挙げられます。図形描画においては、円や正方形などの基本的な図形の使用頻度が高いでしょう。しかし、単に ellipse() やrect() を用いるだけでは、素っ気ない見た目の図形が表示されるだけで豊かな表現にはなりません。そこで本項では、円や正方形などの基本的な図形に対して、見た目の属性を指定して描画する処理を考えていきます。Processing の描画では、strokeWeight() で輪郭の太さ、stroke()で輪郭の色、fill() で塗り色を指定できます。たとえば、コード 10-19 を実行すると、実行結果10-16 のような描画結果が得られます。

コード 10-19 ［基本図形を描画するプログラム 1］

```
void setup() {
  size(800, 600);
  noLoop();
}

void draw() {
  // 輪郭幅が 10、輪郭色が青、塗り色が赤で中心座標（100，100）、直径 50 の円を描画
  strokeWeight(10);
  stroke(color(0, 0, 255));
  fill(color(255, 0, 0));
  ellipse(100, 100, 50, 50);

  // 輪郭幅が 20、輪郭色が水色、塗り色が黄色で中心座標（200，200）、直径 100 の円を描画
  strokeWeight(20);
  stroke(color(0, 255, 255));
  fill(color(255, 255, 0));
  ellipse(200, 200, 100, 100);

  // 輪郭幅が 30、輪郭色が赤、塗り色が青で左上頂点座標（300，300）、1 辺 200 の正方形を描画
  strokeWeight(30);
  stroke(color(255, 0, 0));
```

```
  fill(color(0, 0, 255));
  rect(300, 300, 200, 200);

  // 輪郭幅が5、輪郭色が黄色、塗り色が水色で左上頂点座標 (600，100)、1辺100の正方形を描画
  strokeWeight(5);
  stroke(color(255, 255, 0));
  fill(color(0, 255, 255));
  rect(600, 100, 100, 100);
}
```

実行結果 10-16 （Window、実際にはカラー画像）

　コード10-19において、見た目の属性を指定して基本図形を描画する処理を関数化しておけば、あちこちで再利用できそうな汎用的なものになることが期待できます。指定の中心座標・直径・輪郭幅・輪郭色・塗り色の円を描画する処理を drawCircle()、指定の左上頂点座標・1辺の長さ・輪郭幅・輪郭色・塗り色の正方形を描画する処理を drawSquare() として関数化したものをコード10-20に示します。

コード 10-20 ［基本図形を描画するプログラム 2］

```
void setup() {
  size(800, 600);
  noLoop();
}

void draw() {
  // 中心座標 (100，100)、直径50、輪郭幅が10、輪郭色が青、塗り色が赤の円を描画
  drawCircle(100, 100, 50, 10, color(0, 0, 255), color(255, 0, 0));

  // 中心座標 (200，200)、直径100、輪郭幅が20、輪郭色が水色、塗り色が黄色の円を描画
  drawCircle(200, 200, 100, 20, color(0, 255, 255), color(255, 255, 0));

  // 左上頂点座標 (300，300)、1辺200、輪郭幅が30、輪郭色が赤、塗り色が青の正方形を描画
  drawSquare(300, 300, 200, 30, color(255, 0, 0), color(0, 0, 255));
```

```
    // 左上頂点座標 (600, 100)、1辺100、輪郭幅が 5、輪郭色が黄色、塗り色が水色の正方形を描画
    drawSquare(600, 100, 100, 5, color(255, 255, 0), color(0, 255, 255));
}

void drawCircle(int x, int y, int dia,
    int edgeW, color edgeCol, color fillCol) {
    strokeWeight(edgeW);
    stroke(edgeCol);
    fill(fillCol);
    ellipse(x, y, dia, dia);
}

void drawSquare(int x, int y, int len,
    int edgeW, color edgeCol, color fillCol) {
    strokeWeight(edgeW);
    stroke(edgeCol);
    fill(fillCol);
    rect(x, y, len, len);
}
```

　コード 10-20 の drawCicle() と drawSquare() を見ると、冒頭 3 行の輪郭幅・輪郭色・塗り色を指定する処理が重複していることに気付きます。10.2 節をふまえ、これらの重複部分をsetupDrawing() として外部の関数として切り出したものをコード 10-21 に示します。drawCircle()・drawSquare() が指定属性で円・正方形を描画するという汎用的な関数で再利用性が高い点、これらの各関数から setupDrawing() を再利用して重複処理を排除している点に注目してください。加えて、setupDrawing() が円・正方形以外の描画時にも輪郭幅・輪郭色・塗り色を設定する際に使える、極めて汎用性が高い関数になった点も重要です。

コード 10-21 ［基本図形を描画するプログラム 3］

```
void setup() {
    size(800, 600);
    noLoop();
}

void draw() {
    // 中心座標 (100, 100)、直径 50、輪郭幅が 10、輪郭色が青、塗り色が赤の円を描画
    drawCircle(100, 100, 50, 10, color(0, 0, 255), color(255, 0, 0));

    // 中心座標 (200, 200)、直径 100、輪郭幅が 20、輪郭色が水色、塗り色が黄色の円を描画
    drawCircle(200, 200, 100, 20, color(0, 255, 255), color(255, 255, 0));

    // 左上頂点座標 (300, 300)、1辺 200、輪郭幅が 30、輪郭色が赤、塗り色が青の正方形を描画
    drawSquare(300, 300, 200, 30, color(255, 0, 0), color(0, 0, 255));

    // 左上頂点座標 (600, 100)、1辺 100、輪郭幅が 5、輪郭色が黄色、塗り色が水色の正方形を描画
    drawSquare(600, 100, 100, 5, color(255, 255, 0), color(0, 255, 255));
}
```

```
void drawCircle(int x, int y, int dia,
  int edgeW, color edgeCol, color fillCol) {
  setupDrawing(edgeW, edgeCol, fillCol);
  ellipse(x, y, dia, dia);
}

void drawSquare(int x, int y, int len,
  int edgeW, color edgeCol, color fillCol) {
  setupDrawing(edgeW, edgeCol, fillCol);
  rect(x, y, len, len);
}

void setupDrawing(int edgeW, color edgeCol, color fillCol) {
  strokeWeight(edgeW);
  stroke(edgeCol);
  fill(fillCol);
}
```

10.3.4　ファイル読み込み処理の関数化

　プログラムに静的な情報、あるいは大量の情報を入力する際、その情報を記録したファイルをプログラムから読み込むことがしばしば行われます。そこで本項では、ファイルの内容を配列に読み込む処理を考えていきます。Processing では、テキストファイルに書かれた内容をString 型の配列に読み込む機能が提供されています。ファイル内の各行が配列の各要素に該当します。これを実行する書式を構文 10-1 に示します。読み込み対象のファイルをスケッチディレクトリ内の data ディレクトリに格納する必要がありますので、スケッチディレクトリを作成するためにプログラムに任意の名前を付けて保存しなければならない点に注意してください。

構文 10-1

`String[] strs = loadStrings(filename)`
スケッチディレクトリ内の data という名前のディレクトリ内にある filename という名前のテキストファイルの各行を、String 型配列 strs の各要素として読み込む。

　まずは、テキストファイルの内容を読み込む例を示します。プログラム（中身が空の状態でも構いません）を FileLoader という名前で保存し（これにより FileLoader というスケッチディレクトリが作成されます）、FileLoader 内に data という名前のディレクトリを作成し、図 10-2 のように各学生の名前を記載した names.txt というテキストファイルを作成して data ディレクトリ内に格納してください。ディレクトリ・ファイル構成は図 10-3 のようになります。names.txt の内容を読み込んで、コンソール上に出力するプログラムはコード 10-22 のようになります。

```
Alice
Bobby
Chris
Debby
Elliy
Frank
Grace
Henry
Irene
James
```

〔図10-2〕names.txt

```
FileLoader
├── FileLoader.pde
└── data
    └── names.txt
```

〔図10-3〕ディレクトリ・ファイル構成

コード10-22［ファイルの読み込み・出力を行うプログラム（FileLoader.pde）］

```
void setup() {
  noLoop();
}

void draw() {
  String[] names = loadStrings("names.txt");
  for(int i = 0; i < names.length; i++) {
    println(names[i]);
  }
}
```

実行結果10-17（コンソール）

```
Alice
Bobby
Chris
Debby
Elliy
Frank
Grace
Henry
Irene
James
```

　次に、読み込むファイルを増やすシーンを考えます。具体的には、図10-4のように、各学生の点数が記載されたscores.txtというキストファイルを読み込みます。ディレクトリ・ファイル構成を図10-5に示します。このとき、scores.txtの内容は点数ですので、int型配列に読み込んで各種計算（例：平均値の算出）を行いたいことが多いでしょう。まずは、scores.txtの内容をint型配列に読み込む処理を実現するプログラムをコード10-23に示します。構文10-1のとおりloadStrings()はファイルの各行をString型で読み込みますので、int()による型変換（3.4節参照）をする必要がある点に注意してください。

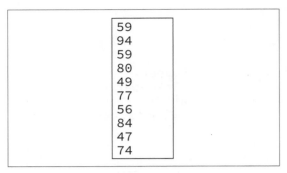

〔図 10-4〕 scores.txt

```
FileLoader
├── FileLoader.pde
└── data
    ├── names.txt
    └── scores.txt
```

〔図 10-5〕 ディレクトリ・ファイル構成

コード 10-23 ［ファイルから整数を読み込むプログラム 1（FileLoader.pde）］

```
void setup() {
  noLoop();
}

void draw() {
  String[] names = loadStrings("names.txt");

  String[] scoreStrs = loadStrings("scores.txt");
  int[] scores = new int[scoreStrs.length];
  for(int i = 0; i < scores.length; i++) {
    scores[i] = int(scoreStrs[i]);
  }

  for(int i = 0; i < names.length; i++) {
    println(names[i] + ": " + scores[i]);
  }
}
```

実行結果 10-18（コンソール）

```
Alice: 59
Bobby: 94
Chris: 59
Debby: 80
Elliy: 49
Frank: 77
Grace: 56
Henry: 84
Irene: 47
James: 74
```

　このとき、「テキストファイルに記載された数字を int 型配列に読み込む」という処理は、他のシーンでも再利用できそうな汎用的な処理であるので、この処理はコード 10-24 のように関数として切り出す方がよいでしょう。

コード 10-24 ［ファイルから整数を読み込むプログラム 2 （FileLoader.pde）］

```
void setup() {
  noLoop();
}

void draw() {
  String[] names = loadStrings("names.txt");
  int[] scores = loadIntData("scores.txt");

  for(int i = 0; i < names.length; i++) {
    println(names[i] + ": " + scores[i]);
  }
}

int[] loadIntData(String filename) {
  String[] strs = loadStrings(filename);
  int[] data = new int[strs.length];

  for(int i = 0; i < strs.length; i++) {
    data[i] = int(strs[i]);
  }

  return data;
}
```

実行結果 10-19 （コンソール）

```
Alice: 59
Bobby: 94
Chris: 59
Debby: 80
Elliy: 49
Frank: 77
Grace: 56
Henry: 84
Irene: 47
James: 74
```

　loadIntData() の再利用性が高いことを確認するために、あえてまったく別の問題を考えてみましょう。たとえば、図 10-6 のように 20 個の数字が書かれたテキストファイル data.txt を読み込んで、これらの数字の平均値をコンソール上に出力する処理を考えます。ディレクトリ・ファイル構成を図 10-7 に示します。

　data.txt を読み込んで、記載された数字の平均値を出力するプログラムはコード 10-25 のようになります。コード 10-24 の loadIntData() を 1 行も変えることなくコード 10-25 で再利用できている点に注目してください。さらに言えば、平均値を計算する関数 calcMean() も、まったく別の問題で作成したコード 10-16 と同じものを再利用しています。これが、汎用処理を関数化することの効果です。

```
26
79
80
26
97
70
29
56
23
57
97
30
32
11
46
12
73
72
94
58
```

〔図 10-6〕data.txt

```
FileLoader
├── FileLoader.pde
└── data
    └── data.txt
```

〔図 10-7〕ディレクトリ・ファイル構成

コード 10-25 ［ファイルから整数を読み込むプログラム 3（FileLoader.pde）］

```
void setup() {
  noLoop();
}

void draw() {
  int[] data = loadIntData("data.txt");
  float mean = calcMean(data);
  println(mean);
}

int[] loadIntData(String filename) {
  String[] strs = loadStrings(filename);
  int[] data = new int[strs.length];

  for(int i = 0; i < strs.length; i++) {
    data[i] = int(strs[i]);
  }
```

```
    return data;
}

float calcMean(int[] data) {
  float mean;
  float sum = 0.0;

  for(int i = 0; i < data.length; i++) {
    sum += data[i];
  }
  mean = sum / data.length;

  return mean;
}
```

実行結果 10-20（コンソール）

53.4

10.3.5　関数の汎用性の追求

　前項では、int 型のデータが記載されたファイルを読み込む処理を汎用的と判断し、この処理を関数化しました。同様に、float 型や char 型のデータが記載されたファイルを読み込む処理も汎用的であり、これらも関数化すべきであると判断できます。そこで、学生の名前（文字列）、点数（整数）、四捨五入前の素点（実数）、評価（文字）が記載された各ファイルを読み込むシーンを題材に、関数の汎用性の追求について考えます。

　まずは、前項と同様に、最初は中身が空で構いませんのでプログラムを FileLoader という名前で保存して同名のスケッチディレクトリを作成し、そのディレクトリ内に data という名前のディレクトリを作成してください。次に、学生の名前を記載した names.txt（図 10-2）、点数を記載した scores.txt（図 10-4）、四捨五入前の素点を記載した org_scores.txt（図 10-8）、評価を記載した grades.txt（図 10-9）というテキストファイルを作成して data ディレクトリ内に格納してください。ディレクトリ・ファイル構成は図 10-10 のようになります。

　これらのファイルを読み込み、各学生の情報を「名前：点数（素点，評価）」のフォーマット

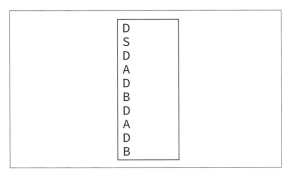

〔図 10-8〕org_scores.txt　　　　　〔図 10-9〕grades.txt

```
FileLoader
├──FileLoader.pde
└──data
    ├──names.txt
    ├──scores.txt
    ├──org_scores.txt
    └──grades.txt
```

〔図 10-10〕ディレクトリ・ファイル構成

でコンソール上に表示するプログラムはコード 10-26 のようになります。名前は String 型、点数は int 型、素点は float 型、評価は文字型のデータとして扱っています[35]。1 文字からなる String 型のデータを char 型のデータに変換する際は、3.4 節で紹介した charAt() を用いています。

---

[35] ここではコンソール上に表示するだけなので、データを int 型・float 型・char 型で扱う必要性を感じにくいかもしれません。より複雑なプログラムを作成する場合には、データを適切な型で扱う必要が生じるでしょう。

コード 10-26 [ファイルから各値を読み込むプログラム 1（FileLoader.pde）]

```
void setup() {
  noLoop();
}

void draw() {
  String[] names = loadStrings("names.txt");
  int[] scores = loadIntData("scores.txt");
  float[] orgScores = loadFloatData("org_scores.txt");
  char[] grades = loadCharData("grades.txt");

  for(int i = 0; i < names.length; i++) {
    println(names[i] + ": " + scores[i]
      + " (" + orgScores[i] + ", " + grades[i] + ")");
  }
}

int[] loadIntData(String filename) {
  String[] strs = loadStrings(filename);
  int[] data = new int[strs.length];

  for(int i = 0; i < data.length; i++) {
    data[i] = int(strs[i]);
  }

  return data;
}

float[] loadFloatData(String filename) {
  String[] strs = loadStrings(filename);
  float[] data = new float[strs.length];
```

```
  for(int i = 0; i < data.length; i++) {
    data[i] = float(strs[i]);
  }

  return data;
}

char[] loadCharData(String filename) {
  String[] strs = loadStrings(filename);
  char[] data = new char[strs.length];

  for(int i = 0; i < data.length; i++) {
    data[i] = strs[i].charAt(0);
  }

  return data;
}
```

実行結果 10-21（コンソール）

```
Alice: 59 (59.3, D)
Bobby: 94 (94.4, S)
Chris: 59 (58.8, D)
Debby: 80 (79.7, A)
Elliy: 49 (49.1, D)
Frank: 77 (77.1, B)
Grace: 56 (55.8, D)
Henry: 84 (83.9, A)
Irene: 47 (47.4, D)
James: 74 (74.3, B)
```

　loadIntData()、loadFloatData()、loadCharData() は、ある程度汎用的な関数であるといえますが、いずれも汎用化の余地が残っています。たとえば、loadIntData() を例に考えてみましょう。この関数は、(1) 引数 filename で指定されたテキストファイルを String 型配列 strs に読み込み、(2)String 型配列 strs を int 型配列 data に変換する、という 2 つの異なる処理を行っています。言い換えれば、**(1)(2) の両方の処理を行いたい場合にしかこの関数は利用できない**ことになります。しかし、今後大きなプログラムを書こうとするとき、(1) か (2) の片方だけを行いたいこともあるでしょう。そこで、コード 10-26 を修正し、loadIntData()、loadFloatData()、loadCharData() から (1) の処理を切り出し、引数として String 型配列 strData を受け取ると、strData をそれぞれ int 型配列、float 型配列、char 型配列に変換する関数に書き直したものをコード 10-27 に示します。このとき、各関数の役割変更に伴って関数名も str2int()、str2float()、str2char() に変更している点に注意してください[36]。

---

[36] 音が同じであり、文字数が減らせることから、「to」を「2」と書く慣習があります。

コード 10-27［ファイルから各値を読み込むプログラム 2（FileLoader.pde）］

```
void setup() {
  noLoop();
}

void draw() {
  String[] names = loadStrings("names.txt");
  int[] scores = str2int(loadStrings("scores.txt"));
  float[] orgScores = str2float(loadStrings("org_scores.txt"));
  char[] grades = str2char(loadStrings("grades.txt"));

  for(int i = 0; i < names.length; i++) {
    println(names[i] + ": " + scores[i]
      + " (" + orgScores[i] + ", " + grades[i] + ")");
  }
}

int[] str2int(String[] strData) {
  int[] data = new int[strData.length];

  for(int i = 0; i < data.length; i++) {
    data[i] = int(strData[i]);
  }

  return data;
}

float[] str2float(String[] strData) {
  float[] data = new float[strData.length];

  for(int i = 0; i < data.length; i++) {
    data[i] = float(strData[i]);
  }

  return data;
}

char[] str2char(String[] strData) {
  char[] data = new char[strData.length];

  for(int i = 0; i < data.length; i++) {
    data[i] = strData[i].charAt(0);
  }

  return data;
}
```

　このようにすることで各関数は、テキストファイルから読み込んだ String 型配列だけでなく、たとえばキーボードから入力されたデータを格納した String 型配列を int 型・float 型・char 型配列に変換したいシーンなどにも利用できるようになりました。すなわち、各関数をより汎用化できたことになります。

10. 4　本章のまとめ

重複処理の関数化
- 重複処理は、関数として実装する。
- 類似処理は、引数で柔軟に制御できるような関数として実装する。
- 処理を一般化して捉えることで、本質的に重複・類似している処理を発見して関数としてまとめることができる。

汎用処理の関数化
- 様々なシーンで利用できる汎用的な処理は、関数として実装する。
- 極めて汎用的な処理は、プログラミング言語の標準機能として提供されていないか確認する。
- 処理が汎用的かどうかの絶対的な判断基準はなく、経験・状況に基づいて判断する。

関数の汎用性の追求
- 複数の処理を内包する関数は、それらの処理をすべて行いたい場合にしか利用できない。
- そのような関数は適切な処理単位の関数に修正することで、汎用性を高められる。

10. 5　演習問題

問 1.　f_1, f_2 は整数 x、y を用いて次のように定義できる。(x, y) = (10, 5) の場合の $f_1 + f_2$ の値をコンソール上に出力するプログラムを作成せよ。

$$f_1 = (x+y)(x-y) + (x^2 + y^2)$$
$$f_2 = (x+y)(x-y) - (x^2 + y^2)$$

問 2.　異なる n 個の中から k 個を選んで得られる順列の総数 $_np_k$ を求める関数を作成し、(n, k) = (5, 3) の場合の $_np_k$ の値をコンソール上に出力するプログラムを作成せよ。$_np_k$ は次の式で表せる。

$$_np_k = \frac{n!}{(n-k)!}$$

問 3.　異なる n 個の中から k 個を選んで得られる組み合わせの総数 $_nC_k$ を求める関数を作成し、(n, k) = (5, 3) の場合の $_nC_k$ の値をコンソール上に出力するプログラムを作成せよ。$_nC_k$ は次の式で表せる。

$$_nC_k = \frac{n!}{(n-k)!\,k!}$$

問 4.　次のように、文字列の左右に 1 つずつ任意の飾り文字を付けて、あるいは、文字列を囲むように任意の飾り文字を付けてコンソール上に出力するプログラムを作成せよ。文字列、飾り文字、囲み方（左右に 1 つずつか、囲むようにするか）は draw() 内で指定する

ものとする。ある文字列変数 s の文字数は s.length() で求められる。

目標の出力

```
+ Good morning +

------------------
- Good afternoon -
------------------

==================
= Good evening =
==================
```

問 5. 整数配列 data、整数 start、整数 end を指定されたとき、data の全要素に start 以上 end 未満の整数乱数を代入する関数を作成せよ。次に、draw() 内からその関数を適切に呼び出し、100 以上 200 未満の乱数で初期化した要素数 100 の整数配列の全要素を半角スペース区切りでコンソール上に出力するプログラムを作成せよ。

問 6. 整数 num、整数 start、整数 end を指定されたとき、start 以上 end 以下の整数乱数で初期化した要素数 num の整数配列を返す関数を作成せよ。次に、draw() 内からその関数を適切に呼び出し、100 以上 200 以下の乱数で初期化した要素数 50 の整数配列の全要素を半角スペース区切りでコンソール上に出力するプログラムを作成せよ。

問 7. 整数配列 data を指定されたとき、data の (1) 全要素を 1 行に 1 個ずつコンソール上に出力したり、(2) 全要素を半角スペース区切りで 1 行にまとめてコンソール上に出力したりできる関数を作成せよ。この関数を呼び出す際は、(1) と (2) はどちらか一方のみを指定できるものとする。次に、draw() 内からその関数を適切に呼び出し、乱数で初期化した要素数 10 の整数配列の全要素を (1) と (2) のそれぞれの方法でコンソール上に出力するプログラムを作成せよ。

問 8. 整数配列 data と 整数 numPerLine を指定されたとき、data の (1) 全要素を 1 行に numPerLine 個ずつコンソール上に出力したり、(2) 全要素を半角スペース区切りで 1 行にまとめてコンソール上に出力したりできる関数を作成せよ。この関数を呼び出す際は、(1) と (2) はどちらか一方のみを指定できるものとする。次に、draw() 内からその関数を適切に呼び出し、乱数で初期化した要素数 20 の整数配列の全要素を (1) の方法で 1 行に 7 個ずつ出力した後、(2) の方法でコンソール上に出力するプログラムを作成せよ。

問 9. 整数配列 data を指定されたとき、data の全要素の平均値を (1) 四捨五入してコンソール上に出力したり、(2) 四捨五入せずにコンソール上に出力したりできる関数を作成せよ。この関数を呼び出す際は、(1) と (2) はどちらか一方のみを指定できるものとする。次に、

draw() 内からその関数を適切に呼び出し、0 以上 100 未満の乱数で初期化した要素数 100 の整数配列の全要素の平均値を (1) と (2) のそれぞれの方法でコンソール上に出力するプログラムを作成せよ。

問 10. 整数配列 data と閾値 th を指定されたとき、data 中で th を超える要素を th に置き換える関数を作成せよ。次に、draw() 内からその関数を適切に呼び出し、0 以上 20 未満の乱数で初期化した要素数 20 の整数配列について、10 を超える要素は 10 に置き換えた上で、全要素を半角スペース区切りでコンソール上に出力するプログラムを作成せよ。

問 11. 下図のように、任意の位置に同心円を描画するプログラムを作成せよ。同心円のある円の直径は 1 つ外側の円の直径の半分であるとし、同心円の位置、直径、円の重なりの数は draw() 内で指定するものとする。

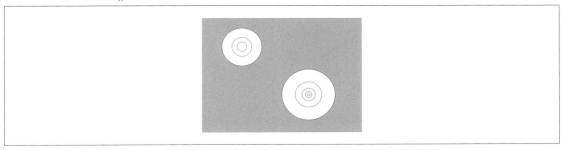

問 12. 下図のように、prices.txt、counts.txt、shippings.txt の各行には、各商品の単価、購入数量、送料が記載されているとする。各ファイルで同じ位置（例：3 行目）にある内容は同一商品の情報を指すものとする。各ファイルを読み込み、各商品をそれぞれの数量だけ購入した場合の、全体の購入金額をコンソール上に表示するプログラムを作成せよ。送料は購入数量によらず shippings.txt に記載の固定額が生じるものとする。正しく計算できていれば、結果は 5,660 円となる。

prices.txt	counts.txt	shippings.txt
100	4	100
120	19	100
150	10	200
90	2	200
80	5	300

11

関数による
処理の抽象化

11.1 本章の概要

本章では、複雑な処理・本質的でない処理を**抽象化**するための関数設計手法を学びます。複雑な処理の関数化については、これを行わない場合の問題点を整理した上で、ソートや検索といった複雑な処理を題材にして抽象化の効果を説明します。本質的でない処理の関数化については、本質的でない処理の具体的な記述を draw() 内などに記載することの問題を確認した上で、具体的な事例で抽象化の効果を説明します。

11.2 複雑な処理の関数化
11.2.1 複雑な処理を関数化しないことによる問題

本書ではここまでに多くのコード例を示してきましたが、その多くは比較的単純な処理を行うものでした。しかし、実用的なアプリケーションを実現しようとする場合、より複雑な処理を記述しなければならないことが多々あります。このとき、draw() 内に複雑な処理を具体的に記載してしまうと、次のような問題が生じます。

- 問題 1. 処理内容の把握が困難になる。
- 問題 2. 処理の順番の入れ替えが困難になる。
- 問題 3. 具体的な処理内容の変更が他の処理に影響する可能性がある。

上記の問題について、具体的なコードを見ながら確認していきましょう。draw() 内に複雑な処理を具体的に記載したプログラムをコード 11-1 に示します。

コード 11-1 [複雑な処理を draw() 内に列挙したプログラム（不適切なコード）]

```
1    void setup() {
2      noLoop();
3    }
4
5    void draw() {
6      int dataCount = 10;
7      int max = 100;
8
9      int[] data = new int[dataCount];
10     int i = 0;
11     while(i < data.length) {
12       int rand = int(random(max));
13       boolean notFound = true;
14       int j = 0;
15       while(j < i && notFound) {
16         if(data[j] == rand) {
17           notFound = false;
18         }
19         j++;
20       }
21       if(notFound) {
22         data[i] = rand;
```

```
23        i++;
24      }
25    }
26    for(i = 0; i < data.length; i++) {
27      print(data[i] + " ");
28    }
29    println();
30
31    int largest = data[0];
32    int secondLargest = data[1];
33    for(int k = 1; k < data.length; k++) {
34      if(data[k] > largest) {
35        secondLargest = largest;
36        largest = data[k];
37      } else if(data[k] > secondLargest) {
38        secondLargest = data[k];
39      }
40    }
41    println(secondLargest);
42
43    for(int m = 0; m < data.length; m++) {
44      int divCount = 0;
45      for(int n = 1; n <= data[m]; n++) {
46        if(data[m] % n == 0) {
47          divCount++;
48        }
49      }
50      if(divCount == 2) {
51        print(data[m] + " ");
52      }
53    }
54    println();
55  }
```

実行結果 11-1（コンソール）

```
29 48 17 27 55 0 26 94 4 69
69
29 17
```

　問題 1 は明らかでしょう。コード 11-1 の draw() 内は、かなりじっくり読み込まないと、何の処理をしているのか理解が困難です。実は、9 ～ 29 行では、(1)int 型配列 data 内の各要素を 0 以上 100 未満で重複の無い整数乱数で初期化した上で、全要素をコンソール上に出力しています。31 ～ 41 行では、(2)data 内で 2 番目に大きい要素を発見し、その値をコンソール上に出力しています。43 ～ 54 行では、(3)data 内の素数（1 か自身以外に正の約数を持たない、1 より大きい自然数）を発見し、その値をすべてコンソール上に出力しています。

　問題 2 について確認します。上述のとおり、このコードは (1)、(2)、(3) の順番に処理を行っています。しかし、何かの事情で (1)、(3)、(2) の順番で処理を行いたくなったらどうでしょう。

(2) と (3) の処理を行っている範囲を慎重に見極め、それらの行を入れ替えねばなりません。より多くの処理を行うプログラムでこのような作業が生じた場合、そこに要する労力が膨大であり、バグが生じやすいことが容易に想像できるでしょう。

　問題 3 は、簡単な処理でも生じ得ますが、複雑な処理ではより一層生じやすい問題です。たとえば、(1) の 10 行目で宣言しているカウンタ変数 i の変数名を k に変更したとします。すると、(1) とは直接関係が無い処理である (3) の範囲である 33 行目にて、k という変数を 2 重に宣言しているというエラーが生じてプログラムを実行できなくなってしまいます。一部の変更が他のあちこちに影響してしまう状況では、プログラムの加筆・修正が困難であることは明らかです。

　それでは、(1) 〜 (3) の処理を関数化したコード 11-2 を確認しましょう。このコードでは、(1) は makeRandomData()、(2) は printSecondLargest()、(3) は printPrimeNumbers() として関数化してあり、draw() 内では**これらの関数を呼び出す処理だけ**[37] が記載されています。すべての具体的な処理が draw() 内に記載されていたコード 11-1 と比べると、draw() 内がかなり抽象的になった（**抽象化された**）と感じるでしょう。抽象的という言葉を聞くとネガティブな印象を持つ方もいるかもしれませんが、プログラミングにおいては良いコードを書くために必要な概念です。

　このことについて、抽象化が各問題をどのように解決するのかという観点から確認します。問題 1 については、draw() 内を見ると抽象的ではありますが処理内容が把握できることが分かります。つまり、draw() 内で呼び出している各関数の名称と順番から、「ランダムなデータを作成」して、次に「2 番目に大きい値を出力」して、最後に「素数を出力」していることが容易に分かります。問題 2 については、**関数を呼び出す順番を変えるだけで処理の順番を入れ替えられます**。たとえば、printSecondLargest() と printPrimeNumbers() を呼び出す順番を入れ替えるだけで、これらの処理の実行順を入れ替えることができます。問題 3 については、**各関数内の具体的な処理の変更が、他の関数に影響を与えにくくなっています**。たとえば、makeRandomData() 内のローカル変数である i の変数名を k にしても、他の関数内の処理には一切影響が無いのです。なお、当然ですが、ある関数内でグローバル変数の値を変更した場合は、他の関数にも影響が生じる可能性があるので注意してください。

---

[37] 処理の本質とは無関係な変数 dataCount、max の宣言を除きます。

コード 11-2 ［複雑な処理を関数化したプログラム］

```
void setup() {
  noLoop();
}

void draw() {
  int dataCount = 10;
  int max = 100;

  int[] data = makeRandomData(dataCount, max);
```

```
  printSecondLargest(data);
  printPrimeNumbers(data);
}

int[] makeRandomData(int dataCount, int max) {
  int[] data = new int[dataCount];

  int i = 0;
  while(i < data.length) {
    int rand = int(random(max));
    boolean notFound = true;
    int j = 0;
    while(j < i && notFound) {
      if(data[j] == rand) {
        notFound = false;
      }
      j++;
    }
    if(notFound) {
      data[i] = rand;
      i++;
    }
  }

  for(i = 0; i < data.length; i++) {
    print(data[i] + " ");
  }
  println();

  return data;
}

void printSecondLargest(int[] data) {
  int largest = data[0];
  int secondLargest = data[1];

  for(int i = 1; i < data.length; i++) {
    if(data[i] > largest) {
      secondLargest = largest;
      largest = data[i];
    } else if(data[i] > secondLargest) {
      secondLargest = data[i];
    }
  }

  println(secondLargest);
}

void printPrimeNumbers(int[] data) {
  for(int i = 0; i < data.length; i++) {
    int divCount = 0;
    for(int n = 1; n <= data[i]; n++) {
      if(data[i] % n == 0) {
        divCount++;
```

```
      }
    }
    if(divCount == 2) {
      print(data[i] + " ");
    }
  }
  println();
}
```

11.2.2　ソート処理の関数化

　ソートとは、図 11-1 のように特定規則に従ってデータを並び替えることであり、プログラミングにおいて頻出する処理です。Processing においては、sort() という標準機能を用いてソートを行うことができます。利用例をコード 11-3 に示します。

コード 11-3 [sort() の利用例]

```
int[] data = {2, 5, 1, 0, 9, 8, 3, 6, 7, 4};
int[] sorted = sort(data);
for(int i = 0; i < sorted.length; i++) {
  print(sorted[i] + " ");
}
```

実行結果 11-2 (コンソール)

```
0 1 2 3 4 5 6 7 8 9
```

　10.3.1 項にて、標準機能として提供されているものをわざわざ自分で実装する必要は無いと述べました。しかし、本項では 2 つの理由から、いくつかのソートアルゴリズムを実装していきます。1 つ目の理由は、ソートアルゴリズムはある程度複雑であり、かつ、処理の抽象化の効果が大きく、本節のトピックである「複雑な処理の関数化」の学習効果が高いためです。2 つ目の理由は、ソートアルゴリズムを実装することは、繰り返し・配列などの基本的なプログラミングスキルの向上につながるためです。これらの理由から、比較的簡単なソートアルゴリズムであるバブルソート、選択ソート、挿入ソートの実装を行います。

　バブルソートとは、隣接する 2 要素を比較して順番が逆ならば要素を交換する処理を、交換

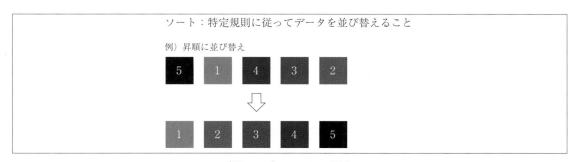

〔図 11-1〕ソートの概念

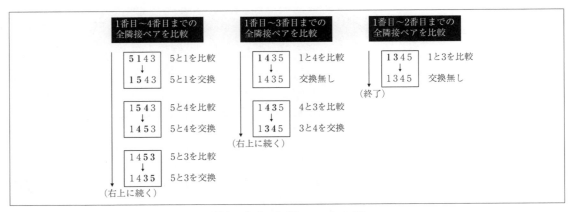

〔図 11-2〕バブルソートの例

が起きなくなるまで繰り返すソートアルゴリズムです。5、1、4、3 という数列をバブルソートで昇順にソートする手順を図 11-2 に示します。この手順を実装・実行したものをコード 11-4、実行結果 11-3 に示します。

コード 11-4 ［バブルソートを行うプログラム（昇順ソート）］

```
void setup() {
  noLoop();
}

void draw() {
  int[] data = {5, 1, 4, 3};
  bubbleSort(data);
}

// バブルソートで昇順ソートを行う関数
void bubbleSort(int[] data) {
  printData(data);
  for(int i = data.length - 1; i >= 1; i--) {
    for(int j = 1; j <= i; j++) {
      // 隣り合う data[j - 1] と data[j] を比較し、
      // data[j - 1] の方が大きければ data[j] と位置を入れかえる
      if(data[j - 1] > data[j]) {
        int buffer = data[j - 1];
        data[j - 1] = data[j];
        data[j] = buffer;
        // 要素の交換が起きるたびに現在の状態を出力
        printData(data);
      }
    }
  }
}

// 配列内の全要素をコンソール上に出力する関数
```

```
void printData(int[] data) {
  for(int i = 0; i < data.length; i++) {
    print(data[i] + " ");
  }
  println();
}
```

実行結果 11-3（コンソール）

```
5 1 4 3
1 5 4 3
1 4 5 3
1 4 3 5
1 3 4 5
```

　選択ソートとは、n番目より後で最小（または最大）の要素とn番目の要素を交換する処理を、nを増やしながら繰り返すソートアルゴリズムです。5、1、4、3という数列を選択ソートで昇順にソートする手順を図11-3に示します。この手順を実装・実行したものをコード12-5、実行結果11-4に示します。

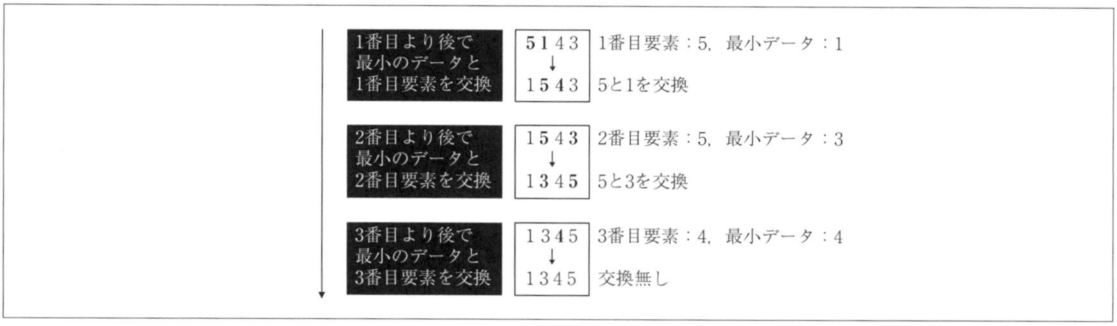

〔図11-3〕選択ソートの例

コード 11-5［選択ソートを行うプログラム（昇順ソート）］

```
void setup() {
  noLoop();
}

void draw() {
  int[] data = {5, 1, 4, 3};
  selectionSort(data);
}

// 選択ソートで昇順ソートを行う関数
void selectionSort(int[] data) {
  printData(data);
  for(int i = 0; i <= data.length - 2; i++) {
    // data[i] より後で最小の要素 minVal を探す
```

```
    int minID = i;
    int minVal = data[i];
    for(int j = i + 1; j <= data.length - 1; j++) {
      if(data[j] < minVal) {
        minID = j;
        minVal = data[j];
      }
    }
    // もし data[i] より後に data[i] より小さい要素があれば
    // data[i] とその要素の位置を交換する
    if(minID != i) {
      int buffer = data[i];
      data[i] = data[minID];
      data[minID] = buffer;
      printData(data);
    }
  }
}

// 配列内の全要素をコンソール上に出力する関数
void printData(int[] data) {
  for(int i = 0; i < data.length; i++) {
    print(data[i] + " ");
  }
  println();
}
```

実行結果 11-4（コンソール）

```
5 1 4 3
1 5 4 3
1 3 4 5
```

　挿入ソートとは、n 番目の要素が n-1 番目の要素より小さければ（または大きければ）、n 番目の要素を n-1 番目の要素より前の適切な位置に挿入する処理を、n を増やしながら繰り返すソートアルゴリズムです。5、1、4、3 という数列を挿入ソートで昇順にソートする手順を図 11-4 に示します。

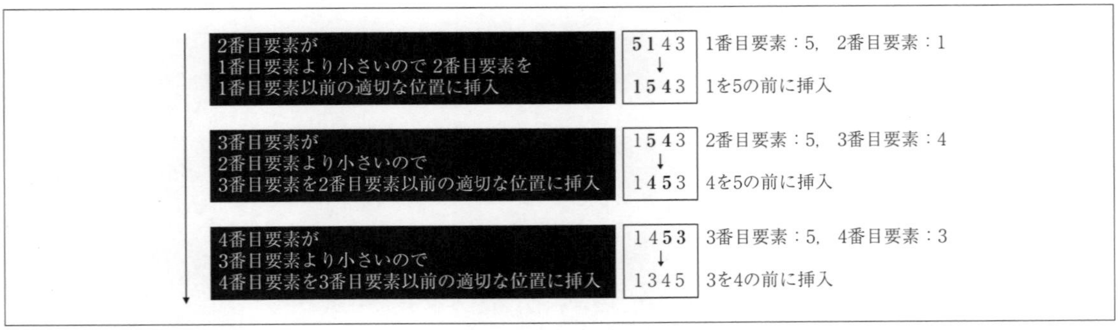

〔図 11-4〕挿入ソートの例

コード 11-6 ［挿入ソートを行うプログラム（昇順ソート）］

```
void setup() {
  noLoop();
}

void draw() {
  int[] data = {5, 1, 4, 3};
  insertionSort(data);
}

// 挿入ソートで昇順ソートを行う関数
void insertionSort(int[] data) {
  printData(data);
  for(int i = 1; i <= data.length - 1; i++) {
    if(data[i] < data[i - 1]) {
      // data[i] を挿入すべき位置を探す
      int j = i - 1;
      while(j >= 0 && data[i] < data[j]) {
        j--;
      }
      // j+1 が data[i] の値を挿入すべき位置なので
      // data[i] の値を buffer に退避させた後で
      // j+1 から i-1 の位置にある値を 1 つずつ後ろにずらす
      int buffer = data[i];
      for(int k = i ; k >= j + 2; k--) {
        data[k] = data[k - 1];
      }
      // buffer に退避させていた値を j+1 の位置に格納する
      data[j + 1] = buffer;
      printData(data);
    }
  }
}

// 配列内の全要素をコンソール上に出力する関数
void printData(int[] data) {
  for(int i = 0; i < data.length; i++) {
    print(data[i] + " ");
  }
  println();
}
```

実行結果 11-5 （コンソール）

```
5 1 4 3
1 5 4 3
1 4 5 3
1 3 4 5
```

さて、ここまでにバブルソート、選択ソート、挿入ソートのコードを確認してきました。こ
れらはいずれも複雑な処理を含むものでした。では、これらのソート処理を含む複雑なコード
において、適切に関数を用いて処理を抽象化することで 11.2.1 項の問題 1 ～ 3 を解決できるこ

とを確認しましょう。まず、コード 11-7 を見てください。コード全体を眺めると複雑な処理
があるようですが、draw() 内に目を向けると、6 行目で乱数データを作成し、7 行目でデータ
を出力し、8 行目でデータをソートし、9 行目でデータの最大値を発見し、10 行目でデータの
平均値を計算していることがおぼろげながらも分かるでしょう（問題 1 の解決）。処理の順番
の変更も容易です。例えば、平均値の計算、最大値の発見、ソートの順番で処理を行いたけれ
ば、コード 11-8 のように draw() 内の各行の順番を入れかえるだけで済みます（問題 2 の解決）。
各処理は独立した各関数内に記述されているので、各関数の中身を変更しても他の処理への影
響は少ないことが分かります。例えば、コード 11-7 の 8 行目で bubbleSort() を呼び出してバブ
ルソートを行っていますが、この部分をコード 11-9 のように丸ごと変更して選択ソートを行
うように変更しても、draw() 内の他の処理（初期化、出力、最大値の発見、平均値の計算）に
影響を及ぼしません（問題 3 の解決）。

コード 11-7［関数を用いて処理を抽象化したプログラム］

```
1    void setup() {
2      noLoop();
3    }
4
5    void draw() {
6      int[] data = makeRandomData(10);
7      printData(data);
8      bubbleSort(data);
9      println(max(data));
10     println(calcMean(data));
11   }
12
13   // 0 以上 100 未満の整数乱数からなる配列を作成する関数
14   int[] makeRandomData(int n) {
15     int[] data = new int[n];
16     for(int i = 0; i < data.length; i++) {
17       data[i] = int(random(100));
18     }
19     return data;
20   }
21
22   // 配列内の全要素の平均値を計算する関数
23   float calcMean(int[] data) {
24     float mean;
25     float sum = 0.0;
26     for(int i = 0; i < data.length; i++) {
27       sum += data[i];
28     }
29     mean = sum / data.length;
30     return mean;
31   }
32
33   // バブルソートで昇順ソートを行う関数
34   void bubbleSort(int[] data) {
35     for(int i = data.length - 1; i >= 1; i--) {
```

```
36          for(int j = 1; j <= i; j++) {
37            // 隣り合う data[j - 1] と data[j] を比較し、
38            // data[j - 1] の方が大きければ data[j] と位置を入れかえる
39            if(data[j - 1] > data[j]) {
40              int buffer = data[j - 1];
41              data[j - 1] = data[j];
42              data[j] = buffer;
43            }
44          }
45        }
46        printData(data);
47      }
48
49      // 配列内の全要素をコンソール上に出力する関数
50      void printData(int[] data) {
51        for(int i = 0; i < data.length; i++) {
52          print(data[i] + " ");
53        }
54        println();
55      }
```

実行結果 11-6（コンソール）

```
43 37 36 1 6 31 19 78 84 76
1 6 19 31 36 37 43 76 78 84
84
41.1
```

コード 11-8 ［処理の順番を入れ替えたプログラム（draw() のみ）］

```
void draw() {
  int[] data = makeRandomData(10);
  printData(data);
  println(calcMean(data));
  println(max(data));
  bubbleSort(data);
}
```

コード 11-9 ［ソートアルゴリズムを変更したプログラム］

```
void setup() {
  noLoop();
}

void draw() {
  int[] data = makeRandomData(10);
  printData(data);
  selectionSort(data);
  println(max(data));
  println(calcMean(data));
}

int[] makeRandomData(int n) {
  // コード 11-7 と同じ
```

```
}

float calcMean(int[] data) {
  // コード 11-7 と同じ
}

// 選択ソートで昇順ソートを行う関数
void selectionSort(int[] data) {
  for(int i = 0; i <= data.length - 2; i++) {
    // data[i] より後で最小の要素 minVal を探す
    int minID = i;
    int minVal = data[i];
    for(int j = i + 1; j <= data.length - 1; j++) {
      if(data[j] < minVal) {
        minID = j;
        minVal = data[j];
      }
    }
    // もし data[i] より後に data[i] より小さい要素があれば
    // data[i] とその要素の位置を交換する
    if(minID != i) {
      int buffer = data[i];
      data[i] = data[minID];
      data[minID] = buffer;
    }
  }
  printData(data);
}

void printData(int[] data) {
  // コード 11-7 と同じ
}
```

11.2.3　検索処理の関数化

　検索とは、データの集合から目的のデータを探すことであり、プログラミングにおいて頻出する処理です。前項のソートと同様に検索もある程度複雑であり、かつ、処理の抽象化の効果が大きいため、本項では検索アルゴリズムを題材にします。具体的には、比較的簡単な検索アルゴリズムである線形探索、二分探索の実装を行います[38]。

　線形探索とは、データ集合の先頭から順番に各要素を参照して検索対象を発見する検索アルゴリズムです。0〜9の整数を含む数列から線形探索で2を検索する手順を図 11-5 に示します。この手順を実装・実行したものをコード 11-10、実行結果 11-7 に示します。

---

[38] 目的・作業が明確な場合は検索、目的が相対的に曖昧な場合や作業が試行錯誤を含む場合は探索という日本語が用いられることが多いです。線形探索・二分探索は「探索」という言葉があてられていますが、処理の中身は「検索」です。ご参考までに英語では検索は search、線形探索は linear search、二分探索は binary search です。

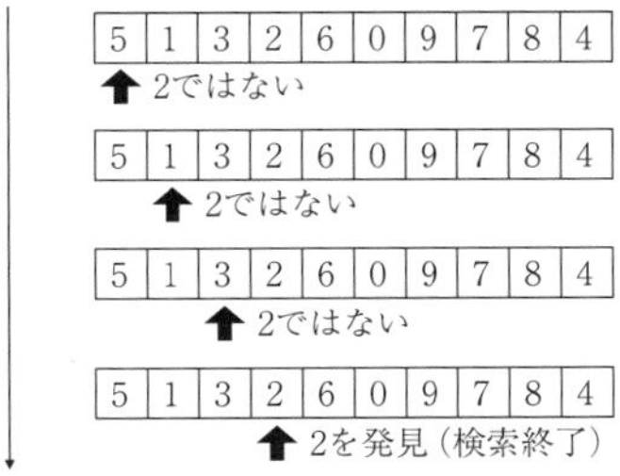

〔図 11-5〕線形探索の例

コード 11-10［線形探索を行うプログラム］

```
void setup() {
  noLoop();
}

void draw() {
  int target = 7;
  int[] data = {5, 1, 3, 2, 6, 0, 9, 7, 8, 4};
  printData(data);
  linearSearch(data, target);
}

// 配列内の全要素をコンソール上に出力する関数
void printData(int[] data) {
  for(int i = 0; i < data.length; i++) {
    print(data[i] + " ");
  }
  println();
}

// data 内から線形探索で要素 target を検索する関数
void linearSearch(int[] data, int target) {
  int i = 0;
  while(i < data.length && data[i] != target) {
    i++;
  }
  if(i < data.length) {
    println(target + " is found.");
  } else {
    println(target + " is not found.");
  }
}
```

実行結果 11-7（コンソール）

```
5 1 3 2 6 0 9 7 8 4
7 is found.
```

　二分探索とは、ソート済みで重複要素が無いデータ集合の中央の値と検索対象の大小関係を比較して、検索対象がデータ集合の中央の値より小さい集合内にあるのか大きい集合内にあるのか判断し、検索対象が含まれると判断できる方の集合に対して同じ処理を繰り返して検索対象を発見する検索アルゴリズムです。データ集合の要素数が偶数ですと中央の値は存在しませんが、この場合は中央よりも 1 つ前（または後[39]）の値を中央の値として扱います。0 ～ 11 の整数が昇順に並んだ配列から二分探索で 10 を検索する手順を図 11-6、12 を検索する手順を図 11-7 に示します。10 を検索する手順を実装・実行したものをコード 11-11、実行結果 11-8 に示します。

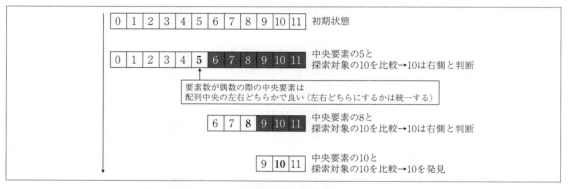

〔図 11-6〕二分探索の例（検索対象が見つかる場合）

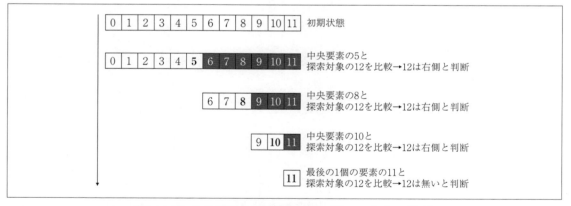

〔図 11-7〕二分探索の例（検索対象が見つからない場合）

---

[39] 前でも後でも構いませんが、どちらかに統一する必要はあります。

```
void setup() {
  noLoop();
}

void draw() {
  int target = 10;
  int[] data = {0, 1, 2, 3, 4, 5, 6, 7, 8, 9, 10, 11};
  printData(data);
  binarySearch(data, target);
}

// 配列内の全要素をコンソール上に出力する関数
void printData(int[] data) {
  for(int i = 0; i < data.length; i++) {
    print(data[i] + " ");
  }
  println();
}

// data 内から二分探索で要素 target を検索する関数
void binarySearch(int[] data, int target) {
  int start = 0; // 検索範囲の開始点
  int end = data.length - 1; // 検索範囲の終了点
  boolean found = false;
  while(end - start >= 0 && !found) {
    int middle = (start + end) / 2;
    if(data[middle] > target) {
      // 中央の値が検索対象より大きい場合は
      // 検索範囲の終了点を中央の値の 1 つ前に更新する
      end = middle - 1;
    } else if(data[middle] < target) {
      // 中央の値が検索対象より小さい場合は
      // 検索範囲の開始点を中央の値の 1 つ後に更新する
      start = middle + 1;
    } else {
      // 中央の値が検索対象だった場合
      // found を true にして検索を終了する
      found = true;
    }
  }
  if(found) {
    println(target + " is found.");
  } else {
    println(target + " is not found.");
  }
}
```

実行結果 11-8 (コンソール)

```
0 1 2 3 4 5 6 7 8 9 10 11
10 is found.
```

　さて、ここまでに線形探索、二分探索のコードを確認してきました。ここでも、検索処理を含む複雑なコードにおいて、適切に関数を用いて処理を抽象化することで11.2.1項の問題1〜3を解決できることを確認しましょう。まず、コード11-12を見てください。コード全体は長く複雑な印象を受けますが、draw()内を見ると、6行目で乱数データを作成し、7行目でデータをソートし、8行目でデータ内から10を検索していることが読み取れます（問題1の解決）。各処理を行う前に、その処理の内容をコンソール上に出力したければ、コード11-13のように各処理に該当する関数呼び出しの直前にprintln()を記載すればよいことが容易に分かります（問題2の解決）。ソートアルゴリズムをバブルソートから挿入ソートに、検索アルゴリズムを線形探索から二分探索に変更したければ、draw()内はコード11-14のように呼び出す関数を変更するだけで済みます[40]（問題3の解決）。

---

[40] もちろん、呼び出す関数を実装する必要はあります。

コード11-12［関数を用いて処理を抽象化したプログラム］

```
1    void setup() {
2      noLoop();
3    }
4
5    void draw() {
6      int[] data = makeRandomData(20, 30);
7      bubbleSort(data);
8      linearSearch(data, 10);
9    }
10
11   // 配列内の全要素をコンソール上に出力する関数
12   void printData(int[] data) {
13     for(int i = 0; i < data.length; i++) {
14       print(data[i] + " ");
15     }
16     println();
17   }
18
19   // 0以上 max 未満で重複の無い整数乱数からなる
20   // 要素数 dataCount の配列を作成する関数
21   int[] makeRandomData(int dataCount, int max) {
22     int[] data = new int[dataCount];
23     int i = 0;
24     while(i < data.length) {
25       int rand = int(random(max));
26       boolean notFound = true;
27       int j = 0;
28       while(j < i && notFound) {
29         if(data[j] == rand) {
30           notFound = false;
31         }
32         j++;
33       }
34       if(notFound) {
35         data[i] = rand;
```

```
36          i++;
37        }
38      }
39      printData(data);
40      return data;
41    }
42
43    // バブルソートで昇順ソートを行う関数
44    void bubbleSort(int[] data) {
45      for(int i = data.length - 1; i >= 1; i--) {
46        for(int j = 1; j <= i; j++) {
47          // 隣り合う data[j - 1] と data[j] を比較し、
48          // data[j - 1] の方が大きければ data[j] と位置を入れかえる
49          if(data[j - 1] > data[j]) {
50            int buffer = data[j - 1];
51            data[j - 1] = data[j];
52            data[j] = buffer;
53          }
54        }
55      }
56      printData(data);
57    }
58
59    // data 内から線形探索で要素 target を検索する関数
60    void linearSearch(int[] data, int target) {
61      int i = 0;
62      while(i < data.length && data[i] != target) {
63        i++;
64      }
65      if(i < data.length) {
66        println(target + " is found.");
67      } else {
68        println(target + " is not found.");
69      }
70    }
```

実行結果 11-9（コンソール）

```
29 10 19 8 9 22 7 0 5 14 26 2 27 12 23 6 4 3 21 25
0 2 3 4 5 6 7 8 9 10 12 14 19 21 22 23 25 26 27 29
10 is found.
```

コード 11-13 [処理の順番を入れ替えたプログラム（draw() のみ）]

```
void draw() {
  println("Making random data...");
  int[] data = makeRandomData(20, 30);
  println("Sorting...");
  bubbleSort(data);
  println("Searching...");
  linearSearch(data, 10);
}
```

コード 11-14 [ソート・検索アルゴリズムを変更したプログラム]

```
void setup() {
  noLoop();
}

void draw() {
  int[] data = makeRandomData(20, 30);
  insertionSort(data);
  binarySearch(data, 10);
}

void printData(int[] data) {
  // コード 11-12 と同じ
}

int[] makeRandomData(int dataCount, int max) {
  // コード 11-12 と同じ
}

// 挿入ソートで昇順ソートを行う関数
void insertionSort(int[] data) {
  for(int i = 1; i <= data.length - 1; i++) {
    if(data[i] < data[i - 1]) {
      // data[i] を挿入すべき位置を探す
      int j = i - 1;
      while(j >= 0 && data[i] < data[j]) {
        j--;
      }
      // j+1 が data[i] の値を挿入すべき位置なので
      // data[i] の値を buffer に退避させた後で
      // j+1 から i-1 の位置にある値を 1 つずつ後ろにずらす
      int buffer = data[i];
      for(int k = i ; k >= j + 2; k--) {
        data[k] = data[k - 1];
      }
      // buffer に退避させていた値を j+1 の位置に格納する
      data[j + 1] = buffer;
    }
  }
  printData(data);
}

// data 内から二分探索で要素 target を検索する関数
void binarySearch(int[] data, int target) {
  int start = 0; // 検索範囲の開始点
  int end = data.length - 1; // 検索範囲の終了点
  boolean found = false;
  while(end - start >= 0 && !found) {
    int middle = (start + end) / 2;
    if(data[middle] > target) {
      // 中央の値が検索対象より大きい場合は
      // 検索範囲の終了点を中央の値の 1 つ前に更新する
      end = middle - 1;
```

```
    } else if(data[middle] < target) {
      // 中央の値が検索対象より小さい場合は
      // 検索範囲の開始点を中央の値の１つ後に更新する
      start = middle + 1;
    } else {
      // 中央の値が検索対象だった場合
      // found を true にして検索を終了する
      found = true;
    }
  }
  if(found) {
    println(target + " is found.");
  } else {
    println(target + " is not found.");
  }
}
```

11.3 本質的でない処理の関数化

11.3.1 本質的でない処理を関数化しないことによる問題

　ある程度の長さがあるコードには、目的を達成するために本質的に重要な処理とそうでない処理があることに気付くでしょう。たとえば、コード 11-15 は 25 個の乱数を降順にソートし、実行結果 11-10 のように上位からコンソール上に表示するものです。このコードにおいては、乱数生成や降順ソートが本質的な処理と言えるでしょう。一方、序数の接尾辞（st、nd、rd、th[41]）を決定する処理は本質的な処理とは言えないでしょう。このように、draw() 内に本質的ではない処理を具体的に記述してしまうと、コードの見通しが悪くなるという問題が生じます。

---

[41] 英語の序数は 1 から 3 は 1st、2nd、3rd となり、4 から 13 までは 4th のように th が後ろに付きます。14 以降は、末尾が 1 なら st、2 なら nd、3 なら rd、それ以外なら th が後ろに付きます。

コード 11-15 ［本質的でない処理を draw() 内に記載したプログラム 1］

```
void setup() {
  noLoop();
}

void draw() {
  int dataCount = 25;
  int max = 100;
  int[] data = makeRandomData(dataCount, max);
  bubbleSort(data);
  for(int i = 0; i < data.length; i++) {
    int rank = i + 1;
    print(rank);
    if(rank % 10 == 1 && rank != 11) {
      print("st");
    } else if(rank % 10 == 2 && rank != 12) {
      print("nd");
    } else if(rank % 10 == 3 && rank != 13) {
```

```
      print("rd");
    } else {
      print("th");
    }
    println(": " + data[i]);
  }
}


// 0 以上 max 未満で重複の無い整数乱数からなる
// 要素数 dataCount の配列を作成する関数
int[] makeRandomData(int dataCount, int max) {
  int[] data = new int[dataCount];
  int i = 0;
  while(i < data.length) {
    int rand = int(random(max));
    boolean notFound = true;
    int j = 0;
    while(j < i && notFound) {
      if(data[j] == rand) {
        notFound = false;
      }
      j++;
    }
    if(notFound) {
      data[i] = rand;
      i++;
    }
  }
  return data;
}


// バブルソートで降順ソートを行う関数
void bubbleSort(int[] data) {
  for(int i = data.length - 1; i >= 1; i--) {
    for(int j = 1; j <= i; j++) {
      if(data[j - 1] < data[j]) {
        int buffer = data[j - 1];
        data[j - 1] = data[j];
        data[j] = buffer;
      }
    }
  }
}
```

```
1st: 99
2nd: 97
3rd: 96
4th: 88
5th: 85
6th: 80
7th: 78
8th: 77
9th: 71
10th: 61
11th: 58
12th: 55
13th: 54
14th: 53
15th: 49
16th: 45
17th: 43
18th: 42
19th: 35
20th: 34
21st: 29
22nd: 26
23rd: 20
24th: 14
25th: 7
```

11.3.2 本質的でない処理の関数化の例

本質的でない処理を関数化して draw() 外部に切り出すことで、draw() 内部が抽象的になり具体的な処理内容は分からなくなりますが、その分コード全体の見通しは良くなります。本項では 2 つの事例でこのことを確認します。

1 つ目の事例は、11.3.1 項で紹介したコード 11-15 のケースです。序数の接尾辞を決定するという本質的でない処理を getRankSuffix() として関数化したものをコード 11-16 に示します。draw() 内の見通しがかなり良くなったと感じるでしょう。

コード 11-16 ［本質的でない処理を関数化したプログラム 1］

```
void setup() {
  noLoop();
}

void draw() {
  int dataCount = 25;
  int max = 100;
  int[] data = makeRandomData(dataCount, max);
  bubbleSort(data);
  for(int i = 0; i < data.length; i++) {
    int rank = i + 1;
    println(rank + getRankSuffix(rank) + ": " + data[i]);
```

```
  }
}

// 0 以上 max 未満で重複の無い整数乱数からなる
// 要素数 dataCount の配列を作成する関数
int[] makeRandomData(int dataCount, int max) {
  int[] data = new int[dataCount];
  int i = 0;
  while(i < data.length) {
    int rand = int(random(max));
    boolean notFound = true;
    int j = 0;
    while(j < i && notFound) {
      if(data[j] == rand) {
        notFound = false;
      }
      j++;
    }
    if(notFound) {
      data[i] = rand;
      i++;
    }
  }
  return data;
}

// バブルソートで降順ソートを行う関数
void bubbleSort(int[] data) {
  for(int i = data.length - 1; i >= 1; i--) {
    for(int j = 1; j <= i; j++) {
      if(data[j - 1] < data[j]) {
        int buffer = data[j - 1];
        data[j - 1] = data[j];
        data[j] = buffer;
      }
    }
  }
}

// 序数の接尾辞を決定する関数
String getRankSuffix(int rank) {
  if(rank % 10 == 1 && rank != 11) {
    return "st";
  } else if(rank % 10 == 2 && rank != 12) {
    return "nd";
  } else if(rank % 10 == 3 && rank != 13) {
    return "rd";
  } else {
    return "th";
  }
}
```

　2つ目の事例は、情報可視化を行うケースです。図 11-8 に示す 10 個のデータが記載された

テキストファイルを読み込み、各データを棒グラフで可視化（データの大きさと棒の横幅が対応）するプログラムをコード 11-17、表示される棒グラフを実行結果 11-11 に示します。このコードは drawChart() 内に改善の余地があります。21 行目は棒の縦幅、および、棒の上下の間隔を求める処理です（図 11-9 参照）。このコードにおいては、棒の横幅でデータの大きさを表しているので、棒の縦幅・間隔は本質的な処理ではありません。同様に、26 行目の次のデータを表す棒（長方形）の左上頂点座標を求める処理も、このコードの目的から考えると本質的な処理とは言いにくいです。21 行目の処理を calcBarHeight()、26 行目の処理を calcNextBarPosition() として関数化したものをコード 11-18 に示します。こちらのコードでは、drawChart() 内の本質的でない処理は抽象化され、本質的な処理内容を把握しやすくなりました。

```
100
200
250
50
300
450
30
90
700
650
```

〔図 11-8〕data.txt

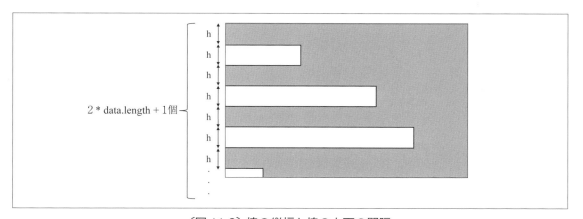

〔図 11-9〕棒の縦幅と棒の上下の間隔

コード 11-17 [本質的でない処理を drawChart() 内に記載したプログラム 2]

```
1   void setup() {
2     size(1000, 600);
3     noLoop();
4   }
5
6   void draw() {
7     int[] data = str2int(loadStrings("data.txt"));
8     drawChart(data);
9   }
10
11  int[] str2int(String[] strData) {
12    int[] data = new int[strData.length];
13    for(int i = 0; i < data.length; i++) {
14      data[i] = int(strData[i]);
15    }
16    return data;
17  }
18
19  // 棒グラフを描画する関数
20  void drawChart(int[] data) {
21    int h = height / (2 * data.length + 1);
22    int x = 0;
23    int y = h;
24    for(int i = 0; i < data.length; i++) {
25      rect(x, y, data[i], h);
26      y += 2 * h;
27    }
28  }
```

実行結果 11-11 (Window)

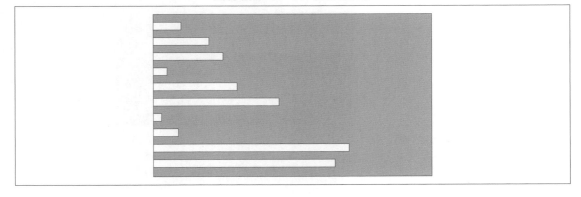

コード 11-18 [本質的でない処理を関数化したプログラム 2]

```
void setup() {
  size(1000, 600);
  noLoop();
}

void draw() {
  int[] data = str2int(loadStrings("data.txt"));
  drawChart(data);
}

int[] str2int(String[] strData) {
  int[] data = new int[strData.length];
  for(int i = 0; i < data.length; i++) {
    data[i] = int(strData[i]);
  }
  return data;
}


// 棒グラフを描画する関数
void drawChart(int[] data) {
  int h = calcBarHeight(data.length);
  int x = 0;
  int y = h;
  for(int i = 0; i < data.length; i++) {
    rect(x, y, data[i], h);
    y = calcNextBarPosition(y, h);
  }
}


// 各棒の高さを求める関数
int calcBarHeight(int dataCount) {
  return height / (2 * dataCount + 1);
}

// 次の棒の左上座標を求める関数
int calcNextBarPosition(int currentBarPosition, int barHeight) {
  return currentBarPosition + 2 * barHeight;
}
```

11. 4　本章のまとめ
複雑な処理の関数化

- 複雑な処理は、関数化して実装する。
- 複雑な処理を関数化することで処理の流れを抽象化でき、処理内容の把握、処理の順番の入れ替え、各処理の独立性の維持が容易になる。

本質的でない処理の関数化

- 本質的でない処理は、関数化して実装する。
- 本質的でない具体的な記述を関数化して抽象化することで、draw() 内などの本質的な処理を

記述する部分のコードの見通しが良くなる。

11.5　演習問題

問 1.　指定された int 型配列 data の中央値を返す関数を作成せよ。この関数では、data がソート済みであることは前提としてはならず、data の要素数が奇数／偶数であることも前提としてはいけない。なお、要素数が偶数の集合における中央値は、中央の前後 2 つの値の平均値を四捨五入したものとする。次に、draw() 内で 0 以上 100 未満の整数乱数からなる要素数 9 の配列と要素数 10 の配列の 2 つの配列を作成し、この関数を用いて各配列の中央値をコンソール上に表示するプログラムを作成せよ。

問 2.　0 以上 10000 未満の実数乱数からなる要素数 100 の配列を新規作成し、この配列の全要素の平均値を求める作業を「試行」と称し、平均値を「結果」と称することにする。この試行を 100 回行い、全試行の結果の平均値をコンソール上に出力するプログラムを作成せよ。

問 3.　指定された int 型配列に対して、バブルソートで降順ソートを行う関数を作成せよ。この関数では、ソート処理開始前とソート時に要素の交換が起きるたびに配列の全要素をコンソール上に出力する機能を持たせること。次に、draw() 内で int 型配列 data を {5, 1, 4, 3} のように初期化し、この関数を適切に呼び出して data を降順ソートするプログラムを作成せよ。

問 4.　指定された int 型配列に対して、バブルソートで昇順ソート、または、降順ソートを行う関数を作成せよ。この関数では、呼び出し時にソートが昇順か降順かを指定できるものとし、ソート処理開始前とソート時に要素の交換が起きるたびに配列の全要素をコンソール上に出力する機能を持たせること。次に、draw() 内で int 型配列 data を {5, 1, 4, 3} のように初期化し、この関数を適切に呼び出して data を昇順ソートした後、昇順になった状態の data を降順ソートするプログラムを作成せよ。

目標の出力

```
Ascending:
5 1 4 3
1 5 4 3
1 4 5 3
1 4 3 5
1 3 4 5
Descending:
1 3 4 5
3 1 4 5
3 4 1 5
3 4 5 1
4 3 5 1
4 5 3 1
5 4 3 1
```

問 5. 指定された int 型配列 data に対して、バブルソートで昇順ソートを行い、ソート最中に生じた要素の交換回数を返す関数を作成せよ。次に、draw() 内からこの関数を適切に呼び出し、0 以上 10000 未満の整数乱数からなる要素数 100 の配列をバブルソートで昇順にソートする際の要素の交換回数をコンソール上に出力するプログラムを作成せよ。

問 6. 0 以上 10000 未満の整数乱数からなる要素数 100 の配列を新規作成し、この配列をバブルソートで昇順にソートする際の要素の交換回数を求める作業を「試行」と称し、交換回数を「結果」と称することにする。この試行を 100 回行い、全試行の結果の平均値をコンソール上に出力するプログラムを作成せよ。

問 7. 問 3 をバブルソートではなく選択ソートで行うようにせよ。

問 8. 問 4 をバブルソートではなく選択ソートで行うようにせよ。

目標の出力

```
Ascending:
5 1 4 3
1 5 4 3
1 3 4 5
Descending:
1 3 4 5
5 3 4 1
5 4 3 1
```

問 9. 問 3 をバブルソートではなく挿入ソートで行うようにせよ。

問 10. 問 4 をバブルソートではなく挿入ソートで行うようにせよ。

目標の出力

```
Ascending:
5 1 4 3
1 5 4 3
1 4 5 3
1 3 4 5
Descending:
1 3 4 5
3 1 4 5
4 3 1 5
5 4 3 1
```

問 11. int 型配列 data と int 型変数 target を指定されると、data に対して線形探索を行い、data 内に target が含まれるか否かの真偽値を返す関数を作成せよ。次に、draw() 内で int 型配列 data を {5, 1, 3, 2, 6, 0, 9, 7, 8, 4} のように初期化し、この関数を適切に呼び出して

data 内に 7 が含まれるか検索し、含まれる場合は「7 is found.」、含まれない場合は「7 is not found.」とコンソール上に出力するプログラムを作成せよ。コンソール上への出力は必ず draw() 内で行うこと。

問 12.　int 型配列 data と int 型変数 target を指定されると、data に対して線形探索を行い、data 内において target が最初に登場する位置の添字を返す関数を作成せよ。この関数では、data 内に target が存在しない場合は -1 を返すようにすること。次に、draw() 内で int 型配列 data を {5, 1, 3, 2, 6, 0, 9, 7, 8, 4, 3, 3} のように初期化し、この関数を適切に呼び出して data 内において 3 が最初に登場する位置が、data の前半（中央を含む）なら「First half.」、後半（中央は含まない）なら「Latter half.」、登場しないなら「Not found.」とコンソール上に出力するプログラムを作成せよ。data の要素数が 2 以上であることを前提としたアルゴリズムでよい。

問 13.　問 11 を線形探索ではなく二分探索で行うようにせよ。ソート処理を忘れないよう注意すること。

12

再帰関数

12.1　本章の概要

　本章では、**再帰関数**の設計手法を学びます。再帰関数とは自身を呼び出す関数のことであり、同じ構造の繰り返しからなる問題を解くプログラムを容易に実装可能であるという特徴があります。一方、初学者には難解な概念でもありますので、具体的な事例や概念図を多く用いて説明を行います。

12.2　再帰関数の概念

12.2.1　再帰関数とは

　再帰関数とは、**条件を満たす限り内部で自身を呼び出す関数**のことです。典型的には、(1) 処理の実行、(2) 状態の更新、(3) 条件の判定、(4) 自身の呼び出しという処理を行います。この概念を擬似的なコードで図 12-1 に示します。このとき、(2)(3) で適切に**状態の更新・条件の判定**を行うことが重要です。さもなければ、永遠に自分自身を呼び出し続けて無限ループの状態になってしまいます。

12.2.2　再帰関数を用いるメリット

　再帰関数を用いるメリットは、ある大きな問題が同じ構造の小さな問題の集合からなる場合、**小さな問題を解くアルゴリズムを作成すると大きな問題が解けてしまう**ことです。このことを図 12-2 で確認しましょう。図の左側にあるような複雑な図形を描画するシーンを考えます。このような図形描画を「1 つの大きく複雑な問題」として解くのは少々手間ですが、図の右側のように四角形の中に 1 つ四角形を描くという「小さく簡単な問題の繰り返し」と捉えると、解くのが容易になります。図の右側の解き方、すなわち、再帰関数を用いた解き方をコード 12-1 に示します。

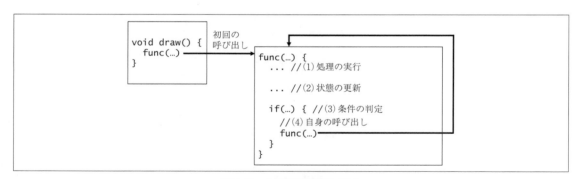

〔図 12-1〕再帰関数の概念

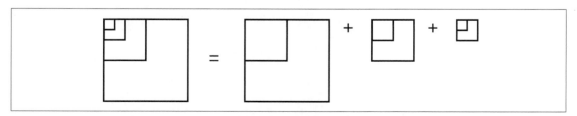

〔図 12-2〕大きな問題（左）と小さな問題の繰り返し（右）

コード 12-1［図 12-2（右）を実現するプログラム］

```
void setup() {
  noLoop();
  size(800, 800);
}

void draw() {
  drawRects(width);
}

void drawRects(int len) {
  // (1) 処理の実行：左上頂点が原点、1辺の長さが len の正方形を描画
  rect(0, 0, len, len);

  // (2) 状態の更新：len を半分にする
  len /= 2;

  // (3) 条件の判定：len が 100 以上か判定
  if(len >= 100) {
    // (4) 自身の呼び出し：更新した len を引数に drawRects() を呼び出し
    drawRects(len);
  }
}
```

12.2.3　再帰関数の設計のポイント

　次節から、再帰関数の具体的な設計方法を紹介しますが、最初に設計のポイントを説明しておきます。

大きな問題を構成する小さな問題を見極める。

　ここが一番のポイントです。二分探索、漸化式、フラクタル図形（いずれも後述）などの典型的な事例はもちろんのこと、みなさんが遭遇する独自の問題においても、大きく複雑に見える問題が実は小さく単純な問題の繰り返しから成り立っていることがあります。このような場合は、大きな問題の全体像に惑わされず、問題の一部分（繰り返しにおけるワンシーン）を局所的に捉えてみましょう。それが再帰関数として実装すべき小さな問題です。

小さな問題を解くだけの関数の作成に意識を集中する。

　大きな問題の全体像をあえて考えず、小さな問題を解くアルゴリズムを関数として実装することに意識を集中します。これは慣れないうちは難しく、初学者の方はどうしても大きな問題全体を解く行為と小さな問題を解く行為を同時に行おうとしてしまう傾向にあります。再帰関数をコーディングする際は、意図的に小さな問題のことだけを考えるとよいでしょう。

再帰呼び出し条件を適切に設定する。

　再帰呼び出し条件が適切に設定されなければ、永遠に自身を呼び続けてしまうか、あるいは、しかるべきタイミングで呼び出しを行わないなどの誤った挙動が起きてしまいます。慣れないうちは、再帰呼び出し時の条件判定に用いる変数の値を書き出して処理の流れを可視化するとよいでしょう。

ベースケースにおける振る舞いを適切に設定する。

　ベースケースとは再帰呼び出しの最終到達点のことであり、上記の再帰呼び出し条件の設定と関連します。詳細は 12.4 節にて説明します。

12.3　返り値がない再帰関数
12.3.1　返り値がない再帰関数の基礎
　まずは、シンプルな問題を題材にして、返り値がない再帰関数の挙動の理解を深めましょう。コード 12-2 は、再帰関数を用いて 1 から 5 までをコンソール上に出力するプログラムです。「1 から 5 までをコンソール上に出力する」という問題を、「n をコンソール上に出力し、n を 1 増やす」という小さな問題の繰り返しとして扱っている点に注目してください。あわせて、(1) 処理の実行、(2) 状態の更新、(3) 条件の判定、(4) 自身の呼び出しの各処理がどの文に該当するかも確認してください。

コード 12-2 [再帰関数で 1 から 5 までを出力するプログラム 1]

```
void setup() {
  noLoop();
}

void draw() {
  countUp(1);
}

void countUp(int n) {
  // (1) 処理の実行
  println(n);
  // (2) 状態の更新
  n += 1;
  // (3) 条件の判定
  if(n <= 5) {
    // (4) 自身の呼び出し
    countUp(n);
  }
}
```

実行結果 12-1（コンソール）

```
1
2
3
4
5
```

　コード 12-2 は再帰関数の概念の理解を容易にするために (1) 〜 (4) の各処理をこの順番に独立して行っていました。しかし、コード 12-2 はコード 12-3 のように書くこともできます[42]。

---

[42] 厳密には、コード 12-2 とコード 12-3 は完全に等価ではありません。draw() 内から countUp(6) のように呼び出した場合、コード 12-2 の countUp() は 1 回だけ 6 を出力するのに対し、コード 12-3 の countUp() は何も出力しません。

これは、まず (3) 条件の判定を行い、条件を満たす場合に (1) 処理の実行をして、(2) 状態の更新と (4) 自身の呼び出しを同時に行う書き方です。必要に応じてこのような書き方もできるようにしましょう。

コード 12-3 [再帰関数で 1 から 5 までを出力するプログラム 2]

```
void setup() {
  noLoop();
}

void draw() {
  countUp(1);
}

void countUp(int n) {
  // (3) 条件の判定
  if(n <= 5) {
    // (1) 処理の実行
    println(n);
    // (2) 状態の更新、(4) 自身の呼び出し
    countUp(n + 1);
  }
}
```

実行結果 12-2（コンソール）

```
1
2
3
4
5
```

12.3.2　再帰呼び出しのタイミング

コード 12-4 は前項で紹介したものとほぼ同じプログラムであり、実行結果 12-3 のように 1 から 3 の順にコンソール上に出力を行います。このとき、count() 内の println() による出力処理と再帰呼び出しの実行の流れは図 12-3 のようになります。この図からも、1、2、3 の順で出力が行われることが分かります[43]。

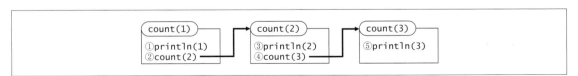

〔図 12-3〕コード 12-4 の実行の流れ

---

[43] 厳密には、4 を引数にした count(4) も呼び出されますが、count(4) はコード 12-4 の 10 行目の条件判定結果が False となるため何も行いません。

コード 12-4 ［再帰関数でカウントを行うプログラム 1］

```
1    void setup() {
2      noLoop();
3    }
4
5    void draw() {
6      count(1);
7    }
8
9    void count(int n) {
10     if(n <= 3) {
11       println(n);
12       count(n + 1);
13     }
14   }
```

実行結果 12-3 （コンソール）

```
1
2
3
```

　一方、コード 12-4 の 11 行目と 12 行目を入れ替えただけのコード 12-5 を実行すると、実行結果 12-4 のように順番が反転した出力が得られます。初学者の方はこの挙動に面食らってしまうかもしれませんが、その場合は落ち着いて図 12-4 のように処理内容を可視化するとよいでしょう。出力処理は③→④→⑤の順で行われるので、3、2、1 の順で出力が行われることが理解できるでしょう[44]。このように、再帰呼び出しのタイミングを変えるとプログラムの実行結果に影響がありますので注意してください[45]。

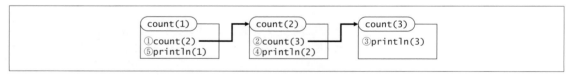

〔図 12-4〕コード 12-5 の実行の流れ

---

[44] 厳密には、4 を引数にした count(4) も呼び出されますが、コード 12-4 と同様の理由で count(4) は何も行いません。

[45] これは再帰関数に限った話ではありません。関数を呼び出すタイミングを変えるとプログラムの挙動は変化します。

コード 12-5 ［再帰関数でカウントを行うプログラム 2］

```
void setup() {
  noLoop();
}

void draw() {
```

```
    count(1);
}

void count(int n) {
  if(n <= 3) {
    count(n + 1);
    println(n);
  }
}
```

```
3
2
1
```

12.3.3　再帰関数による数列の出力

　返り値がない再帰関数を用いると、二項間漸化式で表現できる数列（例：等差数列、等比数列）の各項を出力できます[46]。まずはここまでの復習を兼ねて、初項1、公差1の等差数列の第1項から第10項をコンソール上に出力するプログラムをコード12-6に示します。sequence() の引数 count で再帰呼び出しを行う回数を指定できるようにしているところがポイントです。これにより、任意の項までの出力を行えます。

- 再帰関数の処理内容：指定された値 n を出力し、n + 1を指定して自身を再帰呼び出しする。
- 再帰関数の呼び出し条件：残りの出力すべき値の個数が 0 より大きい。

コード 12-6 [数列の各項を出力するプログラム 1]

```
void setup() {
  noLoop();
}

void draw() {
  int start = 1;
  int count = 10;
  sequence(start, count);
}

void sequence(int n, int count) {
  if(count > 0) {
    print(n + " ");
    sequence(n + 1, count - 1);
  }
}
```

---

[46] 二項間の特定の項だけを取得したり、より複雑な漸化式を扱ったりするためには、後述の返り値がある再帰関数を用います。

```
1 2 3 4 5 6 7 8 9 10
```

　コード 12-6 の sequence() は公差が 1 であることを前提にしています。公差も引数で指定できるようにすれば、より汎用性が高い関数となるでしょう。コード 12-7 は、公差を引数で指定できるように sequence() を改良した上で、初項 10、公差 3 の等差数列の第 1 項から第 15 項をコンソール上に出力するプログラムです。

- 再帰関数の処理内容：指定された値 n を出力し、n+diff を指定して自身を再帰呼び出しする。
- 再帰関数の呼び出し条件：残りの出力すべき値の個数が 0 より大きい。

コード 12-7［数列の各項を出力するプログラム 2］

```java
void setup() {
  noLoop();
}

void draw() {
  int start = 10;
  int diff = 3;
  int count = 15;
  sequence(start, diff, count);
}

void sequence(int n, int diff, int count) {
  if(count > 0) {
    print(n + " ");
    sequence(n + diff, diff, count - 1);
  }
}
```

実行結果 12-6（コンソール）

```
10 13 16 19 22 25 28 31 34 37 40 43 46 49 52
```

　もう少し複雑な例も考えてみましょう。初項を $a_1=3$、一般項を $a_n=3a_{n-1}+1$（n は 2 以上の自然数）と表現できる数列の第 1 項から第 8 項をコンソール上に出力するには、コード 12-8 のようなプログラムを作成すればよいです。最初は再帰呼び出しの考え方に戸惑うかもしれませんが、コードとしては非常にシンプルに書けることに注目してください。

- 再帰関数の処理内容：指定された値 x を出力し、3x + 1 を指定して自身を再帰呼び出しする。
- 再帰関数の呼び出し条件：残りの出力すべき値の個数が 0 より大きい。

コード 12-8［数列の各項を出力するプログラム 3］

```
void setup() {
  noLoop();
}

void draw() {
  int start = 3;
  int count = 8;
  sequence(start, count);
}

void sequence(int x, int count) {
  if(count > 0) {
    print(x + " ");
    sequence(3 * x + 1, count - 1);
  }
}
```

実行結果 12-7（コンソール）

```
3 10 31 94 283 850 2551 7654
```

12．3．4　再帰関数による描画

　図 12-5 を見てください。これはフラクタルと呼ばれる種類の図形の例です。フラクタルとは、全体と部分が相似の関係にある図形とされています[47]。図 12-5 をよく見ると、ある円の内部にはその円よりひとまわり小さい円が 4 つあり、それぞれの小さい円の中にはさらに小さい円が 4 つあり、という構造であることが分かります。これはまさに再帰関数の考え方そのものです。以降、本項ではいくつかのフラクタルを題材に再帰関数による描画の理解を深めます。

　まず、図 12-6 のように同心円を指定数描画する例を紹介します。4.3.3 項で説明したように後から描画する図形が上に表示されますので、このような同心円を実現するためには外側の円から順番に描画する必要があります。これをふまえると、コード 12-9 のような再帰関数を実装すればよいことが分かります。

- 再帰関数の処理内容：指定された直径の円を描画し、その直径の半分の大きさを指定して自身を再帰呼び出しする。
- 再帰関数の呼び出し条件：残りの描画すべき円の個数が 0 より大きい。

---

[47] 自然界では雪の結晶や海岸線などがフラクタル構造を持っています。

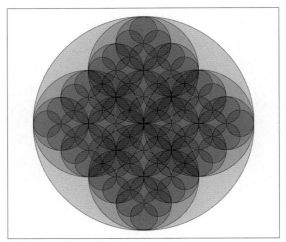

〔図 12-5〕フラクタルの例

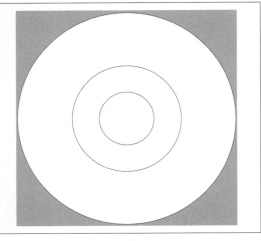

〔図 12-6〕指定数の同心円

コード 12-9［同心円を指定数描画するプログラム］

```
void setup() {
  size(800, 800);
  noLoop();
}

void draw() {
  int dia = width;
  int count = 3;
  drawCircles(dia, count);
}

void drawCircles(int dia, int count) {
  if(count > 0) {
    ellipse(width / 2, height / 2, dia, dia);
    drawCircles(dia / 2, count - 1);
  }
}
```

　次に、図 12-7 のように直径が指定値以上である限り同心円を描画する例を紹介します。これは、コード 12-10 のように再帰呼び出しの条件に円の直径を指定することで実現できます。

- 再帰関数の処理内容：指定された直径の円を描画し、その直径の半分の大きさを指定して自身を再帰呼び出しする。
- 再帰関数の呼び出し条件：描画すべき円の直径が指定値以上である。

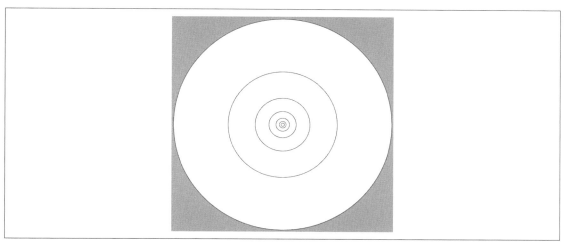

〔図 12-7〕直径が指定値以上の同心円

コード 12-10［直径が指定値以上の同心円を描画するプログラム］

```
void setup() {
  size(800, 800);
  noLoop();
}

void draw() {
  int dia = width;
  int limit = 10;
  drawCircles(dia, limit);
}

void drawCircles(int dia, int limit) {
  if(dia >= limit) {
    ellipse(width / 2, height / 2, dia, dia);
    drawCircles(dia / 2, limit);
  }
}
```

　続いて、図 12-8 のようなフラクタルを描画する例を紹介します。この図を 1 つの大きな問題として捉えると、複雑過ぎてどのように解いたらよいか迷うでしょう。しかし、12.2.3 項で述べたように大きな問題を構成する小さな問題を見極められると、非常に簡単に解くことができます。この図の場合は、「ある円を描き、その内部にその円よりひとまわり小さい模様を 2 つ描く」という小さな問題が繰り返されていることに気付けると、コード 12-11 のようなプログラムが書けます。

・再帰関数の処理内容：指定された位置・直径の模様を描画し、その円の内部に新しい位置・直径を指定して自身を 2 回再帰呼び出しする。

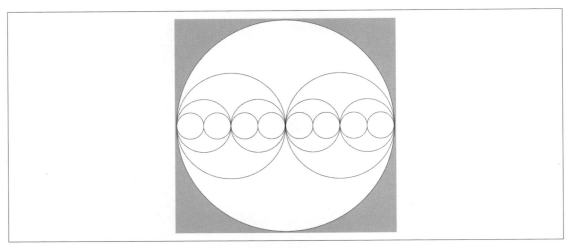

〔図 12-8〕円を用いたフラクタル

・再帰関数の呼び出し条件：残りの描画すべき模様の個数が 0 より大きい。

コード 12-11 ［円を用いたフラクタルを描画するプログラム］

```
void setup() {
  size(800, 800);
  noLoop();
}

void draw() {
  int x = width / 2;
  int y = height / 2;
  int dia = width;
  int count = 3;
  drawCircles(x, y, dia, count);
}

void drawCircles(int x, int y, int dia, int count) {
  ellipse(x, y, dia, dia);
  if(count > 0) {
    drawCircles(x - dia / 4, y, dia / 2, count - 1);
    drawCircles(x + dia / 4, y, dia / 2, count - 1);
  }
}
```

　図 12-9 のように長方形を用いてもフラクタルは実現できます。この場合も図全体の描画を1つの大きな問題と捉えると解くのが困難ですが、「ある長方形を描き、その下にその長方形よりひとまわり小さい模様を 2 つ描く」という小さな問題の繰り返しと捉えればコード 12-12 のようなプログラムが書けます。

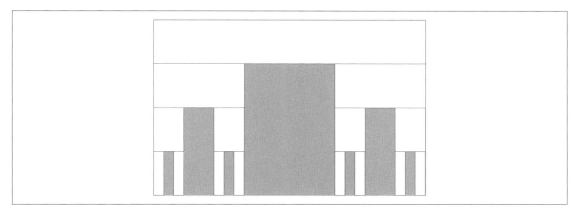

〔図 12-9〕長方形を用いたフラクタル

- 再帰関数の処理内容：指定された位置・大きさの長方形を描画し、その長方形の下に新しい位置・大きさを指定して自身を 2 回再帰呼び出しする。
- 再帰関数の呼び出し条件：残りの描画すべき模様の個数が 0 より大きい。

コード 12-12［長方形を用いたフラクタルを描画するプログラム］

```
void setup() {
  size(1200, 800);
  noLoop();
}

void draw() {
  int count = 4;
  int x = 0;
  int y = 0;
  int w = width;
  int h = height / count;
  drawRects(x, y, w, h, count);
}

void drawRects(int x, int y, int w, int h, int count) {
  if(count > 0) {
    rect(x, y, w, h);
    drawRects(x, y + h, w / 3, h, count - 1);
    drawRects(x + w * 2 / 3, y + h, w / 3, h, count - 1);
  }
}
```

12. 4　返り値がある再帰関数
12. 4. 1　返り値がある再帰関数の基礎

　返り値がある関数は習得済みですし、再帰関数も前節で扱いました。すると、返り値がある再帰関数も容易に理解可能であるように思われますが、実際には多くの初学者の方がつまずく

ところです。まずは、コード12-13の結果を思考実験により予想してみましょう。

コード12-13 [返り値がある再帰関数の例]

```
1    void setup() {
2      noLoop();
3    }
4
5    void draw() {
6      int n = 4;
7      println(sum(n));
8    }
9
10   int sum(int n) {
11     if(n == 1) {
12       return 1;
13     } else {
14       return n + sum(n - 1);
15     }
16   }
```

　コード12-13を実行すると、コンソール上に「10」と表示されます。これは1から4までの整数の和です。つまり、sum()はn以下の自然数の和を求めて返す再帰関数なのです。sum()内の処理と再帰呼び出しの実行の流れを図12-10で確認しましょう。ここでは便宜上、nを引数にsum()を呼び出すことをsum(n)と表記します。最初に、draw()から4以下の自然数の和を取得するためにsum(4)を実行します。すると、sum(4)は4とsum(3)の和を返します。同様に、sum(3)は3とsum(2)の和を返し、sum(2)は2とsum(1)の和を返し、sum(1)は1を返します。これにより、最終的には、sum(4)は4、3、2、1の和である10を返すことができるのです。

　コード12-13は、図12-10のように再帰呼び出しの流れを可視化して落ち着いて考えれば、処理内容を理解することはできるでしょう。ところが、いざ、同様のコードを書こうとすると最初は頭が混乱して上手く書けないことが多いでしょう。特に、14行目でsum(n - 1)を呼び出す点

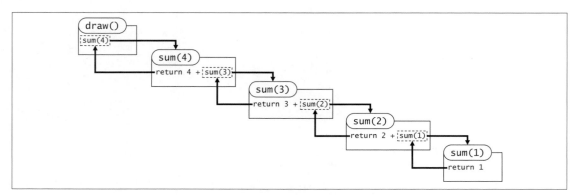

〔図12-10〕コード12-13の実行の流れ

に、「sum(n) の処理を実現するために、sum(n - 1) を呼び出してしまって大丈夫だろうか」という不安を覚える人が多いのではないでしょうか。もしこのような不安を覚えたなら、それは12.2.3項で指摘したように**大きな問題と小さな問題を同時に考えてしまっている**ためだと思います。慣れないうちは難しいですが、「n 以下の自然数の和を求める」という大きな問題のことはひとまず忘れて、意識的に「n と sum(n - 1) の和を求める」という局所的な小さな問題だけのことを考えるのが14行目を書くときのポイントです。もう1つのポイントは、**ベースケースにおける振る舞いを適切に設定する**ことです。この問題においてベースケースはnが1のときであり、1以下の自然数の和として1を返すのが適切な振る舞いです。つまり、11〜12行目のように、ベースケースにおける正しい振る舞い（nが1のときには1を返す）を記述しておけば、再帰呼び出しが繰り返されてベースケースに到達したとき、この再帰関数は正しい結果を返してくれるのです。

12.4.2　漸化式

　まずは二項間漸化式の第n項を求める問題を通して、返り値がある再帰関数への理解を深めましょう。$a_1=3$、$a_n=3a_{n-1}+1$（n は2以上の自然数）と表現できる漸化式について、a_8 の値をコンソール上に出力するプログラムはコード 12-14 のようになります。recurrenceFormula() は、ベースケース（a_1）では3を返し、それ以外の場合は $a_n=3a_{n-1}+1$ を返しています。これはまさに漸化式の定義をそのままコーディングした形であることに注目してください[48]。

コード 12-14 [二項間漸化式の第 n 項を出力するプログラム]

```
void setup() {
  noLoop();
}

void draw() {
  int n = 8;
  println(recurrenceFormula(n));
}

int recurrenceFormula(int n) {
  if(n == 1) {
    return 3;
  } else {
    return 3 * recurrenceFormula(n - 1) + 1;
  }
}
```

実行結果 12-8（コンソール）

7654

　続いて、三項間漸化式で表現できる有名な事例として**フィボナッチ数**を説明します。フィボ

---

[48] 漸化式は英語では recurrence（再帰）fomula（式）であり、再帰関数で実装するのに適した問題なのです。

ナッチ数とは、$f_1=1$、$f_2=1$ としたとき、$f_n=f_{n-1}+f_{n-2}$ と（n は 3 以上の自然数）表せる数のことです[49]。10 番目のフィボナッチ数 f_{10} をコンソール上に出力するプログラムはコード 12-15 のようになります。ここでは、fibonacci() の再帰呼び出しが最後にたどり着くベースケースが、n = 1 の場合と n = 2 の場合の 2 通りであることに注意してください。

コード 12-15 ［10 番目のフィボナッチ数を出力するプログラム］

```
void setup() {
  noLoop();
}

void draw() {
  int n = 10;
  println(fibonacci(n));
}

int fibonacci(int n) {
  if(n == 1) {
    return 1;
  } else if(n == 2) {
    return 1;
  } else {
    return fibonacci(n - 1) + fibonacci(n - 2);
  }
}
```

実行結果 12-9（コンソール）

55

12. 4. 3　二分探索

　二分探索は、再帰関数で実装しやすいアルゴリズムの典型例です。二分探索のアルゴリズムは 11.2.3 項で説明し、再帰関数を用いない場合の実装例をコード 11-11 に示しましたが、多くの方はこのコードの理解に苦労したのではないでしょうか。しかし、二分探索はアルゴリズムがそもそも再帰的ですので、コード 12-16 のように再帰関数を用いると非常に簡単に実装できます。binarySearch() は、配列内から対象を検索し、見つかればその添字を、見つからなければ -1 を返します。ベースケースは、検索対象が見つかった場合（18 〜 19 行目）と、見つからなかった場合（14 〜 15 行目）です。それ以外の場合（20 〜 24 行目）は検索範囲を変更して自身を再帰呼び出しします。

---

[49] 第 0 項として $f_0=0$ を定義することもあります。

コード 12-16 [再帰関数で二分探索を行うプログラム]

```
1    void setup() {
2      noLoop();
3    }
4
5    void draw() {
6      int[] data = {0, 1, 2, 3, 4, 5, 6, 7, 8, 9};
7      int target1 = 7;
8      int target2 = 10;
9      println(binarySearch(target1, data, 0, data.length - 1));
10     println(binarySearch(target2, data, 0, data.length - 1));
11   }
12
13   int binarySearch(int target, int[] data, int start, int end) {
14     if(start > end) {
15       return -1;
16     } else {
17       int middle = (start + end) / 2;
18       if(data[middle] == target) {
19         return middle;
20       } else if(data[middle] > target) {
21         return binarySearch(target, data, start, middle - 1);
22       } else {
23         return binarySearch(target, data, middle + 1, end);
24       }
25     }
26   }
```

実行結果 12-10 (コンソール)

```
7
-1
```

12.5　本章のまとめ

再帰関数の概念

- 再帰関数とは、条件を満たす限り内部で自身を呼び出す関数のこと。
- ある大きな問題が同じ構造の小さな問題の集合からなる場合、小さな問題を解く再帰関数を作成すると大きな問題が解けるというメリットがある。
- 再帰関数を設計する際は、大きな問題を構成する小さな問題を見極める、小さな問題を解くだけの関数の作成に意識を集中する、再帰呼び出し条件・ベースケースにおける振る舞いを適切に設定する、などのポイントがある。

返り値がない再帰関数

- 数列の出力やフラクタル図形の描画などが行える。

返り値がある再帰関数
• 漸化式の一般項の算出、二分探索などが行える。

12．6　演習問題

問1．再帰関数を用いて、1の2乗値、2の2乗値、・・・、10の2乗値を順番にコンソール上に出力するプログラムを作成せよ。

問2．再帰関数を用いて、初項2、公比3の等比数列の第1項から第7項までの各項を順番にコンソール上に出力するプログラムを作成せよ。

問3．再帰関数を用いて、初項1、公比2の等比数列の第1項から、値が10000以下の範囲のすべての項を順番にコンソール上に出力するプログラムを作成せよ。

問4．下記空欄に再帰関数を記述して、初項1、公比2の等比数列の第1項まで第10項までの各項を逆順に（つまり、第10項、第9項、・・・第1項の順に）コンソール上に出力するプログラムを作成せよ。空欄以外は変更してはいけない。

```
void setup() {
  noLoop();
}

void draw() {
  int min = 1;
  int count = 10;
  sequence(min, count);
}

【空欄】
```

問5．再帰関数を用いて、初項を $a_1 = 2$、一般項を $a_n = a_{n-1}^2 + 1$ $(n \geq 2)$ と表現できる数列の第1項から第5項までの各項を順番にコンソール上に出力するプログラムを作成せよ。

問 6. 再帰関数を用いて、下図のような描画を行うプログラムを作成せよ。
  • Window は正方形
  • 一番外側の円の中心は Window の重心と一致
  • 一番外側の円の直径は Window の 1 辺の長さの半分と同じ
  • 外側から $n\,(\geq 2)$ 番目の円の直径は、外側から $n-1$ 番目の円の直径の半分
  • すべての円の上端の位置は一致
  • 上記条件のもと、円の直径が 10 以上であるかぎり、できるだけ多くの円を描く

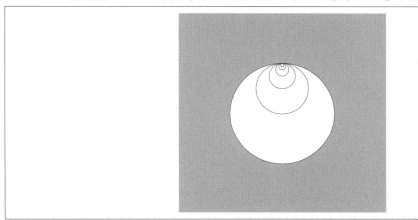

問 7. 再帰関数を用いて、下図のような描画を行うプログラムを作成せよ。Window は正方形とする。下図と同様の見た目となるなら、問題文で定められていない事項は任意に決定してよい。

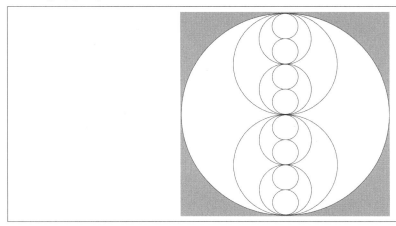

問 8. 再帰関数を用いて、下図のような描画を行うプログラムを作成せよ。Window は幅 800、高さ 600 とする。白い長方形の幅はすべて等しいものとする。下図と同様の見た目となるなら、問題文で定められていない事項は任意に決定してよい。

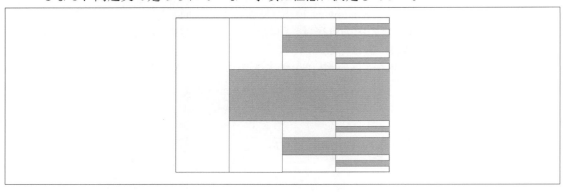

問 9. 再帰関数を用いて、下図のような描画を行うプログラムを作成せよ。Window は正方形とする。図形の塗り色を透明にするには、setup() 内などで noFill() を実行すればよい。下図と同様の見た目となるなら、問題文で定められていない事項は任意に決定してよい。

問 10. m、n を整数とし、m ≦ n の関係が成り立つとする。m 以上 n 以下の整数の和を返す再帰関数を作成せよ。次に、この関数を用いて 10 以上 15 以下の整数の和をコンソール上に出力するプログラムを作成せよ。

問 11. 2 の累乗値を返す再帰関数を作成せよ。この関数に指定される指数は 0 以上の整数であることを前提としてよい。次に、この関数を用いて 2 の 10 乗の値をコンソール上に出力するプログラムを作成せよ。

問 12. 自然数 n の階乗値を返す再帰関数を作成せよ。次に、この関数を用いて 5 の階乗値をコンソール上に出力するプログラムを作成せよ。

問 13. $a_1=2$、$a_n=4a_{n-1}+2$（n は 2 以上の自然数）と表現できる漸化式の任意の項 a_m（m は自然数）を返す再帰関数を作成せよ。次に、この関数を用いて a_5 と a_7 の和をコンソール上に出力するプログラムを作成せよ。

問 14. 2 以上の自然数 n を指定されると、n が素数か否か返す再帰関数を作成せよ。次に、この関数を用いて 8、13、113 がそれぞれ素数か否かコンソール上に出力するプログラムを作成せよ（ヒント：引数で与えられた数が 1 のみで割り切れるか否かを返す再帰関数を作成するとよい）。

索引

■ 著 者 紹 介 ■

宮田 章裕 （みやた あきひろ）

2008 年慶應義塾大学大学院後期博士課程修了。

日本電信電話株式会社（NTT 研究所）などを経て、2016 年より日本大学文理学部情報科学科准教授。

ヒューマンコンピュータインタラクションの研究に従事し、IoT、ニューラルネットワークなどを駆使して
「人にやさしいコンピュータ」の実現を目指して情熱的に研究に取り組んでいる。

ACM 会員、情報処理学会シニア会員。

博士（工学）。

● ISBN 978-4-904774-94-6

神戸大学　三木 拓司
東京工業大学　道正 志郎　著

設計技術シリーズ

実践的CMOSアナログ／RF回路の設計法

本体 4,200 円＋税

発行／科学情報出版（株）

● ISBN 978-4-904774-73-1　　東芝デジタルソリューションズ　著

設計技術シリーズ

IoTシステムと
セキュリティ

本体 2,800 円＋税

発行／科学情報出版（株）

●ISBN 978-4-904774-72-4　　茨城大学 非常勤講師　正木 良三　著

設計技術シリーズ

自律走行ロボットの制御技術
－モータ制御からSLAM技術まで－

本体 4,200 円＋税

発行／科学情報出版（株）

●ISBN 978-4-904774-89-2　　　　芝浦工業大学　伊東 敏夫　著

設計技術シリーズ

自動運転のための
LiDAR技術の原理と活用法

本体 4,500 円＋税

発行／科学情報出版（株）

エンジニア入門シリーズ

Processingなら簡単！
はじめてのプログラミング『超』入門

2021年3月12日　初版発行

| 著　者 | 宮田　章裕 | ©2021 |

発行者　　松塚　晃医

発行所　　科学情報出版株式会社
　　　　　〒300-2622　茨城県つくば市要443-14 研究学園
　　　　　電話　029-877-0022
　　　　　http://www.it-book.co.jp/

ISBN 978-4-904774-81-6　C3055
※転写・転載・電子化は厳禁